国家自然科学基金面上项目“绿网城市理论及其实践引导研究”（编号51678258）与“基于湖河网络八景的区域风景特色及其保护传承研究——以长江中游为例”(编号5217081743)共同资助。

| 博士生导师学术文库 |

A Library of Academics by
Ph.D. Supervisors

张良皋风景园林学术思想研究

万　敏　汤士东　著

光明日报出版社

图书在版编目（CIP）数据

张良皋风景园林学术思想研究 / 万敏，汤士东著
. --北京：光明日报出版社，2022.3
ISBN 978-7-5194-6465-3

Ⅰ.①张… Ⅱ.①万…②汤… Ⅲ.①园林设计—学术思想—研究—中国—现代 Ⅳ.①TU986.62

中国版本图书馆 CIP 数据核字（2022）第 036664 号

张良皋风景园林学术思想研究

ZHANGLIANGGAO FENGJING YUANLIN XUESHU SIXIANG YANJIU

著　　者：万　敏　汤士东

责任编辑：杨　茹　　　　责任校对：刘浩平
封面设计：一站出版网　　责任印制：曹　净

出版发行：光明日报出版社
地　　址：北京市西城区永安路 106 号，100050
电　　话：010-63169890（咨询），010-63131930（邮购）
传　　真：010-63131930
网　　址：http://book.gmw.cn
E-mail：gmrbcbs@gmw.cn
法律顾问：北京市兰台律师事务所龚柳方律师

印　　刷：三河市华东印刷有限公司
装　　订：三河市华东印刷有限公司
本书如有破损、缺页、装订错误，请与本社联系调换，电话：010-63131930

开　　本：170mm×240mm
字　　数：230 千字　　　　印　　张：15.5
版　　次：2022 年 3 月第 1 版　　印　　次：2022 年 3 月第 1 次印刷
书　　号：ISBN 978-7-5194-6465-3

定　　价：95.00 元

摘 要

张良皋先生（1923—2015）是我国第二代建筑师中的佼佼者之一，也是华中科技大学建筑系创始人之一，其学术活动跨越建、规、景三个学科，并在景观建筑、文化景观和自然风景三个方面取得了令人瞩目的成就。张先生作为我国建筑学跨界风景园林领域的先驱之一，在我国建筑类高校具有深远影响。

笔者采用文献查阅、手稿解读、案例分析、情景体验、访谈等多种方法对张良皋先生的风景园林学术思想展开研究。全文内容共分为三个部分：基础研究、分类研究和研究结论。

首先通过对张良皋先生人生经历、教育背景和职业生涯的梳理，寻绎其风景园林学术思想发展轨迹。其次，根据其专擅的领域，从景观建筑、文化景观和自然风景三个方面对其风景园林学术思想进行归类研究。景观建筑方面，通过对其武当山、干栏建筑和大观园复原研究中景观建筑理论的解读，结合对其解放公园苏联空军烈士纪念碑、归元寺云集斋素菜馆、安陆李白纪念馆、竹山县郭山歌坛等设计案例的分析，总结出其“通驭理和”的景观建筑思想。文化景观方面，通过对其《蒿排世界》《巴史别观》《武陵土家》三部著作所反映的聚落演化、土地利用方式、文化传播、环境认知及宗教信仰等文化景观理论的解读，结合对其世界文化遗产、历史文化名村、国家级文物保护单位等文化景观遗产案例的分析，总结出其“堪源求真”的文化景观思想。自然风景方面，通过对其山水诗中所反映的风景感知和山水审美思想的解读，结合对其世界自然遗产、国家自然保护区、国家地质公园、国家森林公园四种体制中自然遗产案例的分析，总结出其“境比”的自然风景学思想。

最后对张良皋先生风景园林学术思想的价值和贡献进行总结：其景观建筑的研究揭示了武当山道观建筑皇家园林的性质，充实了我国风景园林的历史理论；其文化景观的研究推动了鄂西各类文化景观进入各种文化景观遗产保护体制，具有巴楚地区文化景观研究先行者的价值；其自然风景学思想推动鄂西的自然风景进入各级自然遗产保护体制，具有鄂西自然风景研究开拓者的价值。

本书的创新之处体现于三个方面：首次对张良皋的人生经历和学术生涯进行系统整理；首次系统揭示张良皋先生风景园林学术思想；同时立足风景园林的视角研究“知名建筑学者”身份的张良皋，而具有研究视角的创新价值。

关键词：张良皋；景观建筑；文化景观；自然风景；学术思想

目　录
CONTENTS

1 绪 论

1.1 选题缘由

张良皋先生是我国第二代建筑师，早年毕业于中央大学建筑系（现东南大学建筑学院），中华人民共和国成立后执业于武汉市建筑设计院（现中信建筑设计研究总院有限公司），晚年任教于华中工学院（现华中科技大学，以下称华中科技大学或简称华中大），其学术经历在地方性建筑学者中比较具有代表性。他的研究领域跨越建筑学、风景园林、城乡规划、文化人类学、人文地理学等多个学科，被誉为湖北省建筑领域“跨界的先驱”“巴楚建筑文化缔造者”“建筑国学的建构者”①。受其恩师童寯先生的影响，风景园林也成为他晚年醉心的一个重要领域，但他的风景园林思想具有鲜明的跨学科特征，这在建筑学科主导的风景园林院校具有典型意义。且张先生在巴楚文化景观和鄂西自然风景研究方面取得了丰硕的成果，丰富了现代风景园林学思想理论，成为现代风景园林史学研究不可回避的一部分。另外，张先生作为华中科技大学建筑学系的奠基人之一，为华中科技大学建筑学科发展做出了突出的贡献。他去世后，对他学术思想的整理成为华中科技大学学子义不容辞的义务。秉承学术思想传承的理念，本书作者之一万敏教授作为张良皋先生的大弟子，也是当今华中科技大学风景园林学科带头人，对他的学

---

① 陈纲伦．建筑国学的建构——评张良皋《匠学七说》并论炕居是后席居［J］．建筑师，2005（01）：86－91.

术实践活动和学术思想轨迹比较熟悉，且张先生的学术研究成果主要收官于华中科技大学执教时期，华中科技大学很多老师亲聆过他的教诲，采集信息较为方便，故而选择此题进行研究，希望能蠡测张先生博大精深的学术思想之万一。

1.2 研究背景

风景园林学是一门古老而年轻的学科，在我国有悠久的历史。自20世纪50年代风景园林学科在清华大学与北京农学院（今北京林业大学）联合创办以来，由小到大，由弱变强，风风雨雨走过了近70年的历程。在风景园林几代人的努力下，“风景园林学”于2011年被教育部确立为一级学科，这使风景园林知识、技术和思想的研究变得专业化、系统化。20世纪80年代以前，风景园林学一直作为建筑学、城乡规划、林学的配角存在，其主要研究领域和实践对象以造园、城市公园及城市绿化为主。改革开放以后，我国城市化进程加快，风景园林学科迎来了第一次发展机遇，城市公共开放空间纳入了风景园林的实践范畴，如城市滨河带、步行街、广场、绿道等，传统的自然保护地也出现多层次、多维度的发展趋势，如国家风景名胜区、国家公园、国家自然保护区、国家森林公园、国家地质公园、国家湿地公园等。面对发展机遇，俞孔坚把风景园林定位为构建“天、地、人”和谐关系的生存艺术和土地资源管理的科学①；杨锐则认为风景园林学是立足“地境”营造的艺术与科学②；刘滨谊多次撰文阐述风景园林学科立足户外空间的特点③。近年来，由城市化带来的环境问题日益加剧，生态文明建设成为基本国策，习近平总书记提出“绿水青山就是金山银山”的治国理念④，风景园林学科迎来了第二次发展机遇。“人事有代谢，往来成古今”，在风景园林学

---

① 俞孔坚. 生存的艺术：定位当代景观设计学［J］. 建筑学报，2006（10）：39－43.

② 杨锐. 风景园林学科建设中的9个关键问题［J］. 中国园林，2017（01）：13－16.

③ 刘滨谊. 学科质性分析与发展体系建构——新时期风景园林学科建设与教育发展思考［J］. 中国园林，2017（01）：7－12.

④ 习近平. 坚持和发展新时代中国特色社会主义的基本方略［J］. 求是，2017（20）.

发展的关键节点，中国老一代风景园林学人相继谢世，人们开始回顾、反思中国现代风景园林走过的历程，缅怀前辈们的学术业绩和贡献，梳理他们的学术思想成为风景园林界关注的一个话题。尽管对人物思想的研究课题由来已久，但对于中国近现代风景园林学术思想的研究仍是风景园林史学界的一个新课题。近年来，一些相关论文相继面世，如刘小虎的《时空转换和意动空间——冯纪忠晚年学术思想研究》、宋霖的《余树勋先生风景园林理论与实践研究》、周艳芳的《陈从周江南园林美学思想研究》等。2018 年 11 月 23 日，陈从周百年诞辰纪念会暨中国园林文化学术研讨会在浙江大学举行，本文的写作为上述风景园林人物思想研究的一个延伸。张良皋先生作为建筑学界跨界风景园林领域的代表之一，对其风景园林学术思想的研究，对完善近现代我国风景园林思想体系具有补苴罅漏的作用。另外，现代风景园林行业的发展趋势也召唤跨学科的“大匠通才”。2018 年初国家政府机构改组便体现了这种发展趋势，即把国土资源、发改、城乡规划、林业、水利等相关职能部门合并组建自然资源部，在这种政策背景下，研究张良皋先生的风景园林学术思想尤显应时。

1.3 研究意义

1.3.1 丰富我国近现代风景园林思想理论

张良皋先生的风景园林思想和理论分散于其建筑学研究以及巴楚文化研究著作之中，虽然已有 8 部专著问世，但这只是其学术思想的冰山一角，其下部潜伏着一个沉默的巨大基层。为了展现其思想的厚度，笔者将以公开发表的学术文献为主要研究对象，尽可能地搜集和整理张先生未曾面世的相关文字资料，并对张先生的同道、学生、亲友进行访谈，追溯其心路历程和思想轨迹，以口述历史的方式对这些资料进行分析、再现，以期真实、全面地展现其学术思想及其对风景园林的价值和贡献。张良皋先生具有跨界的视角，他对风景园林的见解往往别具心智，提出了一些令人耳目一新的观点。他从建筑学视角研究风景园林，从地景学视角研究景观建筑，从文化人类学的视角审视文化景观，采用中西比附的方法诠释鄂西的自然风景。他对景观建筑的研究拓展了景观建筑的视角，对巴楚文化景观的研究丰富了中国近现代风景园林中有关文化景观的内涵，对鄂西自然风景资源的持续研究造就了一大批地域性自然遗产，这些思想成果是中国近现代风景园林思想理论不可或缺的组成部分。故而对张良皋先生风景园林学术思想的整理研究，对完善中国近现代风景园林思想理论具有重要的意义。

1.3.2 传承张良皋治学方法，弘扬其治学精神

张良皋先生风景园林思想有很高的学术价值，其治学精神、治学方法也是一笔珍贵的财富。他耄耋之年著书立说，遐方探胜，这反映了他老当益壮、锲而不舍的学习精神；他以顾炎武为榜样，“其必古人所未及就，后世所不可无”，这显示了他的社会责任感和学术担当；在研究中，他“大胆假设，小心求证”，反映了他勇于创新的学术精神；为了追寻巴楚文化源头，他“深稽博考、溯流穷源”，反映了其严谨的治学态度和求真务实的治学方法；为宣传鄂西这块土地，他采用“中西比附”的方法诠释其风景资源，反映了他的国际视野和家国情怀。对他治学精神、治学方法的凝练整理，一方面可以激励后学，启迪智慧，另一方面也可以夯实华中科技大学风景园林学科的基础，体现华中科技大学风景园林学术思想的脉络与传承。

1.4 研究目的

1.4.1 厘清张良皋风景园林学术思想内涵

本文研究的目的之一是厘清张良皋先生的风景园林学术思想内涵。在学术界，张先生的身份无疑是一位建筑师，但其很多著述、讲学、习作均与风景园林密切相关。站在建筑学的角度，也可将张先生看作一位广义建筑师，其广义的交集便与风景园林高度联系在一起了，所谓“建规景不分家”，即是此理。

张良皋先生的风景园林学术活动和思想成果主要体现在景观建筑、文化景观和自然风景三个方面，又表现为理论研究、设计实践和勘察调研三种形式。对其学术思想进行全面、系统总结，既要考察其思想成果存在的不同形式，又要探测他研究的不同领域，只有穿越他思想的迷宫才能发现其学术思

想的真实内涵。张先生的景观建筑思想主要体现在两个方面，其一是风水学思想，主要以理论形式出现；其二是景观建筑设计实践思想，主要体现在20世纪50—80年代他的设计作品当中。由于历史的原因，张先生的设计作品并不太多，且为数不多的作品不少已被破坏或拆毁，但对现存作品的解读也是能够窥斑见豹的。张先生的文化景观思想主要以理论形式出现，但其与人文地理学、文化人类学思想相互交织，总结这方面的思想须对相关的文献进行过滤梳理，然后萃取精要。其自然风景思想主要体现在其山水诗和一些具体案例的阐述上，整理其自然风景思想，不但要研读其公开发表的文献资料，实地体验其调研过的风景，还要挖掘他自然风景调查报告手稿中的信息。张先生终生好写日记，日记便成为该方面研究的关键资料。除了对张先生风景园林思想进行挖掘整理外，还须厘清其思想特征，通过和该领域其他学者思想观点的比较，彰显张先生风景园林思想的个性特征和独创性。对上述思想的发掘和整理便是本文研究最为重要的任务之一。

1.4.2 解析张良皋风景园林学术思想成因

本文研究的另一个目的是解析张良皋先生风景园林学术思想的成因，还原当时的学术背景，感受时代发展的脉搏，寻绎其思想成分来源，展现风景园林与其他学科多种思想交汇合流的生动过程与内在规律。张先生的职业生涯和学术经历见证了中国近现代风景园林学科的发展，通过对张先生风景园林思想成因的探究，从一个侧面可以反映风景园林学科多元融合的发展特征，在更好地理解张良皋本人的同时，通过张先生还可以透析我国近现代风景园林多元发展的思想轨迹。

1.5 有关张良皋的研究与本书行文体例思考

张良皋先生晚年学术研究活动已突破了学科的畛域，达到了通才化境的程度，其风景园林学术思想渗透于不同的学科领域，分散于不同的文献之中。由于其思想论述存在状态的分散性，张先生的风景园林学术思想并未引起学界的充分认识，对他学术思想的评价主要集中在建筑学方面，尚未有系统总结张先生风景园林学术思想的研究，这也从一个侧面凸显了本书选题的创新性和必要性。

1.5.1 有关张良皋学术思想的研究

据笔者统计，目前与张良皋先生学术思想相关的研究文章共有342篇，其中不计一些网页上引述张先生观点的说明文章。对这些文章按著述评论、访谈、悼念、观点引用四大方面进行归类，其研究分类统计见表1-1。下面以此为框架进行分述。

表1-1 张良皋研究文献分类统计表

	期刊	报纸	网页	各类汇总
著述评论类（篇）	7			7
访谈类（篇）	3	24	3	30
悼念类（篇）	8	5	5	18
观点引用类（篇）	274	8	百度百科词条引用5个	342（不完全统计）

（资料来源：作者整理）

（1）著述评论

对张良皋先生某一专著或文章进行评论的文献共有7篇，与本文论题相关的有4篇，其著述评论作者、评论主要观点等见表1-2。

李晓峰教授结合自己与张先生交往的经历，对张先生《匠学七说》的著书宗旨、写作风格、治学态度进行了阐述。他认为该书中“每篇均是先生精心组构的对中国传统建筑文化中一组问题的梳理和解答”①。例如，李晓峰谈到张先生曾经运用中国风水图式对埃及的金字塔布局进行比较分析，由此印证中国风水理论的精妙之处。张先生对传统风水学理论造诣颇深，他的视野并未局限于国内，而是从文化人类学的角度，“将心比心”地将中国风水理论和其他古代文明进行横向关联对比，从而形成对“一组问题的梳理和解答”。李晓峰是张良皋先生的嫡系弟子，多次伴随张先生外出调研，亲聆过先生的教诲，深谙张先生的研究旨趣，故而能用一句精辟的话语概括出张先

① 李晓峰．一部有情感的专业书——《匠学七说》[J]．新建筑，2004（05）：95.

生的思想特点与智慧。

表 1-2 张良皋著述评论类文献统计表

文章作者	李晓峰	陈纲伦	罗章、赵有声	李学
所评著作	《匠学七说》			《巴史别观》
评论要点	一组问题的梳理与解答	建筑国学的构建	立论大胆，观点新颖，考据扎实	质疑庸国是中国古文明的原点

（资料来源：作者整理）

陈纲伦教授作为张良皋先生的同事，与张先生共事 30 多年，折服于张先生精湛的国学功力，在对《匠学七说》的评价中，他认为该书“构建了建筑国学的基本学术框架”[①]。书中“一说筵席”“三说圭臬”“五说朝市”三章体现了建筑国学的“本体论”思想；“四说风水”一章为其建筑国学的“方法论”部分；“六说班倕”一章则体现了建筑国学的“主体论”思想；中国建筑的“三原色”的观点属于“建筑国学发生学”的范畴。陈纲伦以主体论、本体论、方法论为框架概括张先生的思想，并将其提升到建筑国学的高度，这是迄今为止对张先生学术思想最具有哲学高度的评价。

罗章、赵有声两位学者叹服于张先生勇于创新的开拓精神和扎实的考证功底，总结了《匠学七说》的三个特点：其一是立论大胆，观点新颖；其二是从建筑文化学的角度阐释建筑；其三是文献资料充实，考证功夫扎实[②]。张先生深厚的国学功底、扎实的英语能力、严谨的治学态度，在学界有口皆碑，罗、赵两位学者通过一本书便精准地悟出了张先生的治学“特长”，这也令人叹服。

李学博士的书评和前面三位学者有所不同，他评论的对象是《巴史别

① 陈纲伦．建筑国学的构建——评张良皋《匠学七说》并论炕居是后席居［J］．建筑师，2005（01）：86－91.

② 罗章，赵有声．一部追求纯洁事物的著作［J］．重庆建筑，2002（02）：58－60.

观》。主要对书中“庸国是中国古文明的原点”的观点提出质疑，他认为“文明的形成不会一蹴而就，其前必有一个漫长的发育期，而现在并无充足的考古证据支持张先生的观点”①。另外作者认为张先生以盐源和沼泽作为文化发源地的理由也不充分。如果把目光局限于张先生归纳论证阶段提供的个别考古论据，李学博士提出的质疑是有一定道理的，但他忽略了自然地理环境是张先生演绎论证文化起源的大前提。巴域的地理环境具有孕育文明的先天条件，适宜的气温，众多的河谷、沼泽和盆地，丰富的盐源，这三个条件是华夏境内的其他地区所无法比拟的，以此作为文化起源的大前提具有不言自明的道理。在大前提为“真”的条件下，演绎结论的必然性可以令人“不拘小节”。从考古学角度检核张先生的论据，或存在某些缺环，但立足文化人类学的视角，恰恰符合文化景观发生演进之必然逻辑。张良皋文化景观思想堂奥之深，只有大匠通才方能达到如此境界，文化景观也成为张先生在风景园林领域最具学术深度的思想之一。张先生如此思想观点，此前并无学者发掘诠释，这也是本书力图展现的。

上述四个文献，从不同的角度对张良皋先生的两本专著进行了评价，但总体而言，这些学者都来自建筑学，并未有学者从风景园林学的视角来审视张先生的思想。然而，当我们立足风景园林学来解读《匠学七说》，其中的风水学理论不仅是建筑选址的方法论，也是营造和谐人地关系的环境科学和美学；而筵席制不仅是建筑的模数制度，也反映出人居环境中的一种伦理关系和空间秩序；朝市不仅是城市功能布局关系，也是一种城市景观格局；圭臬不仅是一种建筑的测量定位工具，也是一种文化景观符号和景观设施。鉴于当前我国有关张良皋先生著述思想研究中风景园林视角的缺位，而张先生的著述处处闪烁着风景园林思想的火花，故而笔者将错综其事，深度盘究其风景园林思想的内在肌理，以期丰富我国风景园林人物及其学术思想理论。

---

① 李学．评《巴史别观》［J］．建筑师，2009（04）：106－110.

（2）访谈

围绕张良皋先生的采访和座谈形式的文献有30篇，与本课题相关的话题主要有四个方面：建筑遗产保护、文化景观发掘、自然风景发掘与保护、建筑创作观念。其访谈文献分类统计见表1－3。

表1－3 张良皋访谈类文献分类统计表

类别	建筑遗产保护	文化景观发掘	自然风景发掘与保护	建筑创作观念	其他
数量（篇）	15	2	1	3	9

（资料来源：作者整理）

①有关建筑遗产保护。由于张先生晚年主讲《中国建筑史》，传统建筑文化是张先生当行本色，故而其有关建筑遗产保护的观点经常见诸报端。记者蒋太旭的采访最具代表性，其内容是有关张先生与阮仪三先生针对建筑遗产保护的一次对话。对话由华中科技大学何依教授主持，国际古迹遗址理事会资深专家参加，国家文物局网站、武汉市国土资源局网站、《湖北日报》等多家媒体对这次对话进行了专题报道和转载。由此足见张先生在建筑遗产保护领域的声望和影响（图1－1）。

图1－1 张良皋与阮仪三的民族建筑世纪对话，主诗人何依

（图片来源：刘建林拍摄）

报道记录了张先生对建筑遗产的一些看法。他认为“武当山古建筑群是中国文艺复兴时期的标志性建筑”“汉口租界地和武大建筑群都具有申遗的潜力”①。这次采访中，张先生对武当山古建筑引譬援类的描述尤为精切。从时间上类比，武当山古建筑建成于 1418 年，比欧洲文艺复兴的标志性建筑——佛罗伦萨主教堂建成时间早一年；从建筑技术看，武当山古建筑具有中国建筑史上的节点意义，其建筑结构从纯木构走向砖木、琉璃、金属并用，形制布局走向成熟的制式化。从中我们可感受到张先生渊博的学识、宏观的视野和扎实的考证功底。

记者范宁详细地记述了由张先生主持的无影塔的选址及搬迁过程。报道记载，张先生是对无影塔的每一块砖进行编号搬迁的，这体现了张先生对历史园林古建修旧如旧的遗产保护思想。另外，在张先生的建议下，搬迁地点由原来主管部门确定的洪山宝塔下面，变更为洪山广场西面，以中间的施洋烈士墓为中心和洪山宝塔形成了呼应，这体现了他景观建筑中追求均衡和呼应的思想。

此外，记者龚发达、程国政报道了张先生对吊脚楼防洪减灾、土地资源节约的价值认识②。对吊脚楼活化价值的发掘只是张先生干栏建筑适用功能思想的一部分，其他还有诸如由干栏建筑形制演化轨迹所呈现的文化景观思想、由干栏聚落反映的风景营造思想等。对干栏建筑的研究是张先生学术思想中最系统的部分之一，由此衍生的文化景观思想和自然风景思想都是这个思想体系的组成部分，本文的研究将把这些分散的碎片连贯起来，使其形成一个有机的整体。

综览上述文献，均是对张良皋先生学术思想某一部分的片段性描述，这对了解张先生风景园林思想具有切片解析的作用。张先生类似的思想切片非常丰富，很多思想还未曾在其著述中有系统体现，故而本文欲将这些著述外的切片进行系统串联，以便对其风景园林思想有一个更完整的认识。

---

① 蒋太旭，甘婷．两位建筑大师的世纪对话［N］．长江日报，2014－10－13.

② 龚发达，程国政．张良皋教授谈建筑与防洪［J］．长江建设，2002（02）：13－14.

②有关文化景观发掘。文化景观发掘是最能体现张良皋先生思想抱负的领域，也是他最着力的研究领域，其思想成果也最为丰硕。《长江建设》记者报道了张先生文化景观研究的两个主要观点，其一是以土家族文化为主体的巴文化是华夏文化源头；其二是中国西南地区傣族、爱尼族、侗族、壮族、瑶族、土家族的干栏建筑的演进序列直观地反映了中原和西南地区建筑文化的交融过程，而土家吊脚楼处在这一部干栏建筑史的顶端①。该采访报道了张先生巴楚文化研究的关键结论，并以具有文化景观性质的吊脚楼的演化顺序作为巴楚文化与中原文化交汇融合的论据，然而这并不是对张先生文化景观思想的全部认识，这也提示本文将独立文化景观现象作为一个序列来研究的重要价值和意义。

《湖北日报》记者韩晓玲以“华夏文明源出巴域”为题，报道了张先生《巴史别观》中“盐源和沼泽是文明之源”② 的观点。这是张先生演绎论证环节的两个重要端点，这两个端点中间还有两个文化景观的演进序列，即盐源开发的顺序和沼泽开发的顺序，这两个序列正是寻绎文化发展的重要脉络。这些采访只是显示了张先生文化景观思想的一个断面，张先生文化景观思想的纵深层次和横向序列还有待系统地整理发掘。

③有关自然风景发掘与保护。自然风景发掘与保护是张先生热情最高的研究领域，虽然张先生在该领域的社会影响有口皆碑，但是以此为主题的采访并不多。《湖北日报》记者蒋绶春以“探寻恩施人文地理之谜”为题，报道了张先生在鄂西地区考察自然风景的传奇经历，以及其对腾龙洞、恩施大峡谷地质成因的分析③，这使我们对张先生在鄂西自然风景调研过程中的艰辛有了直观的认识。张先生的自然风景思想是一个体系，他的考察活动遍及鄂西的山山水水，甚至包括渝、川、湘、黔等广大地区。他对自然风景的诠释方法独具一格，而这些报道仅仅曝光了张先生自然风景研究的个别片段，对于张先生自然风景思想的系统性尚待全面的整理。

---

① 本刊记者. 是蛮荒，还是文化的源头 [J]. 长江建设，2000 (01): 17 - 18.

② 韩晓玲. 张良皋教授提出华夏文明源于巴域 [N]. 湖北日报，2005 - 10 - 24.

③ 蒋绶春. 探寻恩施人文地理之谜 [N]. 湖北日报，2014 - 09 - 23.

④有关建筑创作观念。张先生有关建筑创作的思想更为丰富，这些观点也往往与风景园林思想一脉相承。《华中建筑》杂志记者徐倩和《中国景观网》记者卢继贤的采访比较有代表性。徐倩报道了张先生对待建筑创新的看法，他认为除了比例、权衡、色彩、对比、光影、轮廓等美学上的考虑，功能、构造等技术方面的因素也是建筑的基本问题，不管是宗教建筑或其他类型的现代建筑都应在传统的基础上来创新①。由此看出张先生建筑美学思想具有布扎建筑教育体系的深深烙印。卢继贤报道了张先生的传奇人生经历，以及他对中国传统建筑、建筑教育、巴楚文化的一些思想观点②。这些采访的内容看似分门别类地报道了张先生的各种学术思想，但是像一幅平面拼贴的剪纸作品，未能显示张先生思想发展的内在脉络，也没有揭示张先生建筑学术思想的复杂性和矛盾性。

综览上述文献，采访大都是为了响应社会舆论，制造新闻热点，并非完全出于学术研究的目的。尽管部分展现了张先生一些思想观点，但都是以平面拼贴的形式对张先生思想的转述，并不能体现张先生风景园林学术思想的结构层次和逻辑体系。虽然也从一个侧面反映了张先生的学术观点，但从某种意义上讲与其在学术界的影响力和社会影响力并不匹配。另外，从采访的内容上看，文化景观思想是张先生学术思想中一座有待开采的富矿。本书的选题，正是基于此种目的，力图深度探究张先生文化景观思想的脉络，使张先生文化景观思想的潜德幽光昭示于世。

（3）悼念

悼念形式的文献有 18 篇，按媒体形式分为两种类型：一种是专业期刊，一种是网络媒体。按写作方式分为三种类型：一种是对张良皋先生职业生涯和学术成果的整体性概括；一种是通过对往事的追忆表达哀思；还有一种是对其传奇人生的描写。其写作形式分类统计见表 1－4。

---

① 徐倩．在传统的基础上谈创新——访张良皋教授［J］．华中建筑，2007（11）：184－186.

② 张良皋．张良皋文集［M］．武汉：华中科技大学出版社，2014：6－16.

表1-4 张良皋悼念类文献分类统计表

专业期刊		网络媒体
职业生涯或学术成果概括	追忆与哀思	传奇人生经历描写
3篇	5篇	10篇

（资料来源：作者整理）

第一种类型以华中科技大学李保峰教授和中国建筑工业出版社李东主编的文章最具代表性。李保峰的文章文约理赡、义存笔削，对张先生的学术成果及其社会贡献进行了高度的评价："其中《巴史别观》《武陵土家》成为巴蜀建筑文化研究的经典，并在中国乃至世界产生了深远的学术影响。在他的学术发掘、影响与推动下，利川腾龙洞、恩施大峡谷、张家界风景名胜区已成为具有世界性影响的旅游观光胜地，这是张先生对武陵地区文化、社会、经济发展做出的最大贡献。《蒿排世界》立足湿地人居环境的营造，从水文学、湿地植物学、地理学、人类文化学的综合视角，提出的蒿排是'人类文明的水上温床'的观点也将震撼世界。"① 李保峰教授作为华中科技大学建规学院原院长，具有跨学科的宏观思维，他的评价高屋建瓴，并且已经认识到张先生的思想实质是一种风景园林思维，李保峰也成为认识张先生风景园林学术思想灵光的为数不多的学者之一。

李东是张良皋先生多部著作的责编，她认为张先生是在古代思想史的基础上，追寻中国建筑史发生、发展、传播的总体背景，打破了建筑学、哲学、考古学、文字学之间的畛域，与古代建筑发生与认知的思想顺序比较吻合，尤其为张先生泛文化关联与以今证古的思路而赞叹②。李东作为中国建筑工业出版社的主编，可以说"阅文"无数，对张先生的学术思想精髓和治学特色洞若观火。她精辟地指出了张先生建筑学思想的"泛文化"关联属

① 李保峰．悼念张良皋先生［J］．新建筑，2015（03）：133.
② 李东．睿学成述，汲远汲深——追忆张良皋先生［J］．新建筑，2015（03）：139－140.

性，暗示了其“文史哲、建规景”各种成分并存的特性，这些成分相互渗透、相互纠缠，而这种复杂性和矛盾性也正是张先生思想魅力所在，这些也正是本书要立足风景园林视角努力澄清、过滤和吸取的。

在第二种类型的悼念文章中，李晓峰教授的文章意境融彻，芥纳须弥。他回忆了伴随张先生几次外出建筑考察的经历，记述了张先生的教学方法、教学理念，同时从一个侧面生动地展示了张先生幽默风趣、豁达开朗的人格魅力①。如文章提到张先生作为其开蒙恩师，首次带他们到北京古建筑考察的经历，考察过程中张先生给他们讲授皇家园林和私家园林的区别、景观建筑中数字的象征意义、明代寝陵风水格局等。张先生渊博的学识、诙谐的谈吐给李晓峰留下了深刻的印象，故而其能生动地勾勒张先生的音容笑貌，让读者看到一个有血有肉、形象鲜活的张良皋，给后人解读张先生的治学方法和治学精神提供了一条生动的线索。清华大学单德启先生是腾龙洞大门的设计师，他回忆了在腾龙洞景区与张先生初次接触的经历，从一个侧面描述了张先生在鄂西地区的口碑和影响力，以及为鄂西风景资源开发所做出的杰出贡献②。东南大学仲德崑先生的悼念文章记录了湖北社会各界为张先生送行的场景，从一个侧面反映了张先生的社会贡献以及湖北人民对张先生的深情厚爱③。美国俄亥俄州博林格林州立大学（Bowling Green State University）范思正教授的文章回忆了与张先生一起做湖北省博物馆扩建方案的往事，记述了张先生有关楚国历史文化方面的一些指导和建议④。蓝波是张先生诗词方面的学生，他记述了对张先生生前讲课、治学、生活等方面的印象，并以事实印证张先生在红学、诗词方面的学术造诣⑤。这些文献提供了张先生生活、治学、社会贡献等方面一些星星点点的信息，为我们了解张先生打开了不同窗口，对认识一个立体的张良皋颇具裨益。

---

① 李晓峰．顽童·大匠——忆张良皋先生［J］．新建筑，2015（03）：144－146.

② 单德启．张良皋先生印象［J］．新建筑，2015（03）：143.

③ 仲德崑．纪念忘年故交张良皋先生［J］．新建筑，2015（03）：141－142.

④ 范思正．忆张良皋先生［J］．新建筑，2015（05）：136－137.

⑤ 蓝波．沉痛悼念张良皋先生［J］．建筑师，2016（01）：124－130.

另外，见诸报刊和媒体网络的悼念文章还有十多篇，如《湖北日报》记者海冰、蒋绥春写的“一代大师张良皋走完传奇人生”，恩施新闻网记者黎袁媛写的“少年曾饮清江水，长忆深恩到白头”，澎湃网记者陈诗悦写的“跨界最牛建筑师”等。这些文章偏重于对张先生传奇人生经历的渲染，其中也不乏对张先生文化景观思想和自然风景思想的介绍，尽管语言表达方式比较夸张，但作为研究张先生学术思想的素材，无疑还是给我们提供了一些有益的线索。但媒体上这些文献资料终属新闻报道的性质，并非学术研究的文体，呈现的只是张先生学术思想的某个断面，仅可作为揭示张先生风景园林学术思想体系的花絮而为本书润色。

（4）观点引用

根据中国知网上显示的数据统计，引用张先生论文中思想观点的文献有274次，其分类引用情况见表1－5。其中有关干栏建筑或吊脚楼的文献被引用的次数最多，高达132次，主要集中于西南地区乡土聚落和地域建筑研究的文献中；有关建筑历史与文化方面的文献被引用85次，主要集中在建筑设计观念诠释和传统建筑文化考证的文献中；有关巴楚历史文化研究方面的文献被引用28次，主要集中于巴域历史考证类的研究中；文化景观方面的文献被引用26次，主要是关于文化传播线路的研究。此外，能查到的报刊文献有8篇，百度百科词条引用张良皋先生观点的有5条。由于报纸和网络媒体更新比较频繁，所以统计得并不全面。这些文献除了有关巴域历史文献中有部分学术观点争议外，其他类别的文献都是引述或附和张先生的观点用以支撑自己的学术观点，对张先生的学术观点并没有诠释和分析，所以谈不上是对张先生学术思想的研究。从文献引用的领域上也可以发现，张先生的学术影响力主要在建筑学领域，在风景园林领域还是一位潜德未彰的“幕后英雄”。故而本文研究主旨是发掘张良皋先生的风景园林学术思想，并将其从相邻学科的模糊背景中抽绎出来。

表1-5 张良皋观点引用类文献分类统计表

文献类别	干栏建筑	建筑历史与文化	巴域历史	文化景观	其他
分类引用次数	132	85	28	26	3
引用总次数	274				

（资料来源：作者整理）

综览上述四类文献，对张先生学术思想的研究主要集中在书评、悼念文章和访谈三类文献中。书评方面的文献主要从建筑学和历史学的视角分别对张先生《匠学七说》《巴史别观》两书进行概括评价，并未有从风景园林视角对张先生的学术思想进行解读的文献；采访类的文献中除了《长江建设》《湖北日报》的记者对张先生文化景观的部分观点进行转述以及鄂西探洞的经历进行概括性记述外，大部分以反映张先生的生平为主；悼念类的文献则以概述张先生生平和昔日交往为主。李保峰教授是第一位“发现”张良皋先生风景园林学术价值的学者，其悼念文章概括了张先生《巴史别观》《蒿排世界》两本著作在风景园林领域的学术价值和影响力，这为本书的研究提供了很大启发，本书将以此为契机，从风景园林学的视角系统地研究张先生风景园林学术思想发展演化历程并揭示其思想内涵，而这正是前人从未涉足过的。

1.5.2 国内外风景园林学人学术思想研究体例与写作借鉴

国内风景园林界前辈人物的思想研究著述并不丰富，下面对这些文献的体例进行解读，以期为本文提供写作框架、写作方法方面的借鉴。涉及的人物主要为陈植、陈从周、冯纪忠、汪菊渊、孙筱祥、丹·凯利（Dan Kiley）、哈普林（Lawrence Halprin）、麦克·哈格（Ian McHarg）、彼得·沃克（Peter Walker）等，分别以硕士和博士论文、期刊论文、会议论文等形式呈现。从研究框架和体例上解读这些学位论文，大致分为整体性研究和局部性研究两种类型，其分类篇目数量统计见表1-6。因局部性研究不在本文参考体例之列，故下文偏重于对整体性研究的文献进行解读。

表1－6 人物思想研究体例分类统计表

整体性研究	局部性研究
5篇	20篇

（资料来源：作者整理）

（1）整体性研究

所谓整体性研究，就是对风景园林界某一人物所有学术活动领域的学术思想进行全面研究，根据人物的学术活动领域类别建构论文框架。对风景园林界的前辈来说，一般学术活动领域包括理论研究、设计实践和教书育人三个方面。根据人物专擅的领域不同，整体性研究又可分为两种结构类型：根据人物学术活动领域和成果形式分类总结人物学术思想；基于人物设计作品分析总结人物学术思想。上述两种结构形式的文献篇目数量统计见表1－7。

表1－7 人物思想整体性研究分类统计表

研究方法	根据学术活动领域和成果形式总结思想	基于设计作品总结设计思想
文献数量	2篇	3篇
样例	余树勋先生风景园林理论与实践研究 孙筱祥风景园林思想研究	丹·凯利的设计思想与风格研究 詹姆斯·科纳设计思想及作品解析

（资料来源：作者整理）

①根据人物活动领域和成果形式分类的体例。余树勋和孙筱祥两位先生毕生工作在教育科研战线，主要学术活动领域是教学、理论研究和设计实践。宋霖和胡宝来的论文即根据人物的学术活动领域和学术成果形式进行分类，其研究框架分为理论、实践、教学三大模块。宋霖的论文概述了余树勋的教育背景、职业生涯、学术经历，从园林绿地实践、风景园林教育、园林植物鉴赏、园林美学、园林史论五个方面对余先生的风景园林思想进行梳理

总结，最后从中国近现代风景园林学科建设与发展的角度概述其思想特征与贡献①。胡宝来对孙筱祥的研究，开篇也对孙先生的教育背景和职业生涯进行了回顾，并从中国山水画、中国古典园林、英国自然园林、日本园林四方面对其学术思想进行分类阐述，为其园林设计思想提供证因②。该论文的写作框架与宋霖论文相似，不同的是前者立足于工作性质，后者立足于专擅特长。

②基于设计作品分类的体例。胡吉在对丹·凯利的研究中，回顾了丹·凯利的教育经历和职业生涯，把现代主义运动、古典主义园林和超验主义引导作为其思想成分的来源，通过对丹·凯利设计作品的分析读取其设计手法，从设计手法中揭示其设计思想③。该论文的写作与胡宝来的论文异曲同工，在思想分类阐述上突显了丹·凯利的设计师身份与特点。由于张先生并非风景园林专职学者，也未对风景园林学科做过全面研究，故而胡吉在研究中采用的专擅分类体例可为本文写作提供借鉴。

（2）局部性研究

所谓局部性研究，是对人物某一种设计理念，或者该人物在风景园林学科内某一分支学科思想的研究，该分支学科多为被研究人物专擅的领域，如园林史、园林美学、园林植物学等。由于人物专擅的领域不同，局部性研究的论文体例有三种结构形式，即从人物的理论著述中发掘人物的学术思想；从人物的设计实践案例、设计语言中发掘人物的学术思想；通过人物某一思想理念的比较定格人物的思想特色。其分类篇目统计见表1－8。

---

① 宋霖．余树勋先生风景园林理论与实践研究［D］．武汉：华中科技大学，2016.

② 胡宝来．孙筱祥园林思想及设计风格研究［D］．南京：南京林业大学，2010.

③ 胡吉．丹·凯利的园林设计思想与设计风格研究［D］．南京：南京林业大学，2004.

表 1－8 人物思想局部性研究分类统计表

研究方法	理论著述诠释	案例分析、设计语言解读	对比解读
文献数量（篇）	8	10	2
样例	陈从周江南园林美学思想研究 童寯园林史学思想与方法研究	时空转换和意动空间——冯纪忠晚年学术思想研究 彼得·沃克简约化景观设计研究	《中国造园史》与《中国古代园林史》的比较研究

（资料来源：作者整理）

本文研究目标是厘清张良皋先生风景园林领域的学术思想，所以对于张先生的全部学术思想来说，本文的研究属于局部性研究，而对于张先生的风景园林思想来说，本文的研究又属于整体性研究，故而本文选用整体性研究体例。这种研究方法的优点是能够较为全面地概括人物的思想，且又能尊重、突出人物的个性特色和主要研究领域。对上述两种文献体例的解读也成为构建本论文框架的依据。

1.6 研究方法和研究框架

1.6.1 研究方法

（1）手稿解读法

张先生勤爱写日记，其一生 60 大本日记记述了他 60 年的思想点滴和心路历程，通过日记与公开发表的著述比对阅读，有利于揭示其思想发展的脉络，还能发现其未曾公开的学术观点。本文中张先生的历史年表和重要事件的精确时间，便是从其日记中发掘整理的。张先生读书勤爱注释，其使用过的教材、读过的书籍记满了各种引证、注释或反证，闪耀着思想火花，对其注释的查阅、解读亦可发现其风景园林学术思想的来源和演变轨迹。另外，张先生还留下了很多风景资源的调研报告，以及风景资源开发和规划建议书，对这类手稿的解读也有助于寻绎张先生的自然风景思想的渊源。

（2）情景体验法

张先生擅用发散思维的方法，研究问题时从来不会孤立地囿于一个点，而是“围城打援”，将研究对象置于宏观的地理格局和特定历史氛围中去审视。为了准确地领会并展现张先生的风景园林思想，笔者采用情景体验法，实地踏勘考察张先生研究过的案例，包括张先生设计的景观建筑作品和其发掘的文化景观遗产及自然遗产案例，切身体验其场所意象和文化氛围，以图捕捉其思想产生的动因，并期盼产生思想共鸣。

（3）访谈法

首先通过对张先生风景园林相关学术活动的亲历者和参与者的采访，了解张先生的学术思想背景、起因、过程、方法、研究成果和社会影响。其次，通过对不同当事人的采访，从不同的侧面了解张良皋先生，也了解不同人眼中的张良皋，通过对这些口述资料的甄别比较，更立体地把握张良皋先生的学术思想，也有助于站在客观公正的立场解读张良皋先生的学术思想。采访对象包括与张良皋先生关系较为密切的朋友、同事、学生及家人等。

（4）其他研究方法

本文研究还采用了常用的文献法、演绎法、归纳法、个案研究法等手段，在此不再一一赘述。

2 张良皋风景园林学术思想背景

2.1 人生与学术经历

2.1.1 童年时期

1923 年 5 月 16 日，张良皋先生出生于湖北省汉阳县一个旧知识分子家庭。其高祖父、祖父均为晚清秀才，至其父辈家道中落，不得不到汉口做学徒维持生计。虽然家境并不富裕，但其长辈非常重视教育。张先生 6 至 11 岁在宜昌法国天主教堂创办的益世小学读完五年级，1935 年转入汉阳小学，读六年级期间赢得了一次全校文艺比赛头名，初步展露了他的艺术天赋。1936 年小学毕业后无力升学，其恩师徐勋铭先生爱惜其才，为其代交湖北省立一中报名费，他以第三名的成绩过了笔试，但还是因住宿费太高放弃了面试。后来，在师友的慷慨帮助下，他重考汉阳初中，以第一名的成绩被录取，二年级的时候又获得省“公费生”资助，得以继续学业①。从童年的经历中可以看出张先生天资卓异，勤奋好学，艰辛的生活条件没有成为其求知进取的障碍，反而磨砺了其坚忍不拔的意志。

尽管当时张先生的家庭条件并不宽裕，但毕竟是书香门第，重视家庭教育的传统观念并未改变。据张先生回忆，他幼年时期就接受“四书五经”等儒家经典文化的教育，这些儒家经典对其后期思想产生了不同程度的影响。

---

① 陈诗悦. 最牛“跨界”建筑学家/抗战老兵/诗人张良皋去世［EB/OL］. 澎湃新闻网，2015 - 01 - 15.

抗日战争期间他投笔从戎，奔赴大西南战场，新中国成立前夕积极投身于青年学生的民主运动，这些行为与儒家“修齐治平”的思想教育有很大的关系；《中庸》中“博学之，审问之，慎思之，明辨之，笃行之”的思想对他后来的治学方法产生了很大的影响；《礼记》使他对中国传统的伦理观念有了深刻的了解和认识，成为他后来思考建筑与风景园林的一个独特视角；他从《尚书·禹贡》中得到了地理学启蒙，在脑海中对中国的古地理环境有了朦胧的框架；《周易》的学习奠定了他朴素的宇宙观，这对他后来善于从宏观和辩证的角度把握建筑与风景园林有很大的关系，也为他播下了风水学思想的种子。另据其湖北联中的校友彭德润回忆，张先生幼年时即临摹过李渔的《芥子园画谱》，练就了一手“传移模写”的能力①，对中国山水画经营布置有了基本的认识，这陶冶了他风景园林的审美意趣。

2.1.2 中学时期

1938 年，日军大兵压境逼近武汉，国民政府决定将湖北省省会以及大批军政机关和学校迁至鄂西。是年张先生正读初三，作为湖北联合中学初中部的学生，连同学校一起，被统一安排从武汉撤至鄂西。同年 10 月，身怀国仇家恨的张先生从武汉乘船颠沛流离至宜昌后，即开启了 18 天的施宜古道流亡之旅。当时从宜昌到恩施还没有公路，这段路程是徒步行进的。

在校友的回忆录中，这段山路苦不堪行，而在张先生眼中却充满了诗情画意。木桥溪的竹林、猴子和跌瀑，贺家坪盘曲的山道，四渡河的云海，野山河的地缝，宣恩的龙洞，建始的风洞，沿途的风雨廊桥与吊脚楼，野山河、紫荆河上的石拱桥等都给他留下了深刻的印象。多年后，他回忆木桥溪和四渡河所见到的情景：“这一带可谓溪山如画，秋情入诗，红树翠竹，色彩缤纷。”② 这些原汁原味的自然风景对生活在这里的土家族同胞来说是家常便饭，但对张先生来说却是风景园林的“第一课”。

1939 年秋，张先生自湖北联合中学宣恩初中升入建始三里坝的该校高中

---

① 张良皋．闻野窗课［M］．武汉：湖北联中建始中学分校校友会编，2005：9.

② 张良皋．武陵土家［M］．北京：三联书店，2001：5.

部。其间，张先生患了痢疾，医生已开不出药方诊治，是恩施老乡端水送饭，使他奇迹般地痊愈①。可以说，一个国破家亡的少年，在饱受心灵创伤时，是鄂西的父老乡亲敞开无私的胸怀收留并养育了他。鄂西的这段生活经历对于张先生来说刻骨铭心，鄂西也因此成为他的“患难之交”“莫逆之交”，对他后来学术志趣的形成产生了重要的影响。

恩施地区系武陵主脉，其境内的崇山峻岭看似险恶，但其沟谷溪涧却又处处是世外桃源，时常可以觅见一簇簇吊脚楼群，与云雾缭绕的群山组合，构成一幅幅恍若隔世的人间仙境，其地民风淳朴而建筑又秉承古意。这种世外桃源般的聚落生活环境给张先生留下了深刻印象，成为其梦中的原乡风景。除此之外，恩施地区还保留了很多古色古香的其他“建制”的建筑，如恩施的古城墙、城隍庙、火神庙、覃家祠堂；宣恩城关的龙洞（现沉于水库底部）；建始三里坝高中附近的天鹅观；恩施城南的“天街、天桥”等，这些人文和自然风景成为张先生青少年时期单调学习生活之外的游憩“乐园”。在这种环境的熏陶下，张先生对“风景”有了直观的认识。可以说恩施的自然和人文环境是张先生风景园林思想的“启蒙老师”，他晚年的学术活动主要围绕这片土地而展开。

2.1.3 中央大学时期

1942 年张先生从建始高中毕业，并以湖北省联合会考全省第二名的成绩被保送至重庆中央大学水利系。但当他赶到重庆中央大学报到之时，该校已开学半月有余，错过了注册时间。高中老学长徐期瑞了解到张先生的文史兴趣和绘画特长，建议他放弃保送水利系的机会，等待明年再考建筑系。于是，他便在重庆一边打工一边温习。打工期间，一个偶然的机会，张先生在一个美展上看到了戴念慈、汪坦、曾子泉等诸位老师的建筑画，其中戴念慈先生的一幅《仿古罗马式教堂》的水粉画深深地打动了张先生，从此他便与建筑结下了不解之缘。次年，他报考建筑系，鲍鼎先生是其面试老师，张先

---

① 黎袁媛．少年曾饮清江水，长忆深恩到白头：张良皋的恩施情结［EB/OL］．恩施新闻网，2015－01－22.

生深知建筑系对绘画和数理知识要求较为苛刻，而张先生擅长文史，最终鲍鼎先生被张先生的诚实所打动，张先生也如愿以偿进入建筑系。戴念慈先生成为他的启蒙老师，教他“建筑初则及建筑画”课程，鲍鼎先生教授他“西洋建筑史”和“都市计划”课程。鲍鼎先生是湖北赤壁市人，由于与张先生是同乡的缘故，中央大学时期，他们之间还有几段特殊的缘分。1946 年 7 月，鲍鼎先生在武汉开设“新中工程司”，曾为张先生提供了做“监工”的差事，让张先生凑足了赶往南京读大四的路费，随后又托在其手下工作的朱畅中学长给张先生捎去了第二笔生活费，晚年张先生谈起此事依旧感激不尽。

张先生就读时期的重庆中央大学正是该校建筑系的鼎盛时期之一。这个时期，鲍鼎、刘敦桢先后主持系务，罗致了一大批海外留学归来的教师，以留学宾夕法尼亚大学的教师为中坚力量，如杨廷宝、童寯、谭垣、哈雄文、卢树森、黄家骅等，办学模式采用正规的布扎（Beaux - arts）体系。香港中文大学建筑学院教授顾大庆在其相关的研究中写道：“这被称为沙坪坝时期，以彰显一个建筑系经过磨难之后达到的鼎盛时期，其具体标志就是学系完成了向巴黎—宾大式的‘布扎’体系的转换……沙坪坝时期的中央大学，因杨廷宝和童寯两位的加入而巩固了建筑系作为‘布扎’体系大本营的地位。”① 该时期由谭垣所建立的一套强调构图的训练体系，发展到沙坪坝时期，已形成一种传统。故而古典主义建筑所追求的比例、尺度、对称、均衡、秩序等美学原则在张先生脑际中留下了深深的烙印，成为其建筑思想的内核和母版。

这里必须指出的是，张先生的授业恩师多为中国第一代建筑大师，如杨廷宝、童寯、刘敦桢等，他们既从国外带回了先进的教学体系和教学理念，同时又具有高度民族自觉性和责任感，故而在当时的建筑学课程体系中自觉地加入了中国传统建筑教育的内容。翻检中央大学时期建筑系课程表，在二

① 顾大庆．中国布扎建筑教育历史的沿革、移植、本土化和抵抗［J］．建筑师，2007(02)：5 - 15.

年级和三年级分别开设有“中国建筑史”和“中国营造法”课程①，这使张先生领略了中国传统建筑文化的博大精深。他在《匠门述学》一文中回忆道：“从欧美归来的中国第一代具有现代意义的建筑师，几乎不约而同认识到中国传统建筑是一独特体系，应当弘扬。所以，他们在兴办建筑教育开步之日，便把中国建筑列入课程。”② 当时，童寯和刘敦桢二位先生都对中国古典园林非常偏爱，对中国古典园林进行了深入系统的研究。1937 年童寯写成了《江南园林志》（该书于 1963 年正式出版），1960 年刘敦桢著有《苏州园林》（1979 年出版）。在中央大学建筑系课程表中，四年级便开设有“庭院学”和“都市计划”课程③。在教学过程中，有关中国古典园林的设计思想对张先生产生了潜移默化的影响，所以说，中央大学时期的正规教育为张先生后期的学术活动与治学思想打下了坚实的基础，奠定和形成了他建筑学与风景园林的学术思想基础和雏形。

在中大求学期间，张先生还有一段特殊的经历。1944 年初，二战正酣，然而在中印缅战场上，援华美军中翻译人员奇缺。国民政府发布命令，从在渝的几所著名大学中征调三、四年级学生充当译员。建筑系二年级学生张良皋本不在应征之列，但是在亡国灭种的紧要关头，他以国家利益、民族大义为重，宁愿牺牲自己的学业和前途，毅然投笔从戎。入伍以后，张先生被派遣到昆明，分配在炮兵训练所战炮连，一年后抗战胜利，他才结束译员生涯，返校继续学业（图 2－1）。晚年，张先生曾在《中国社会报》上撰文《五千译员——抗日战争中的一个特殊兵种》回忆这段历史。2005 年，张先生获抗日战争胜利 60 周年纪念章，并戴上威尼斯军乐队军帽敬礼致谢（图 2－2）。这段传奇经历，奠定了他扎实的英语基础，也使他对西方文化有了更切身的了解，为他晚年出国讲学、考察访问提供了语言条件，并从此养成

---

① 钱锋，沈君承．移植、融合与转化——西方影响下中国早期建筑教育体系的创立［J］．时代建筑，2016（04）：154－158.

② 张良皋．匠门述学——为纪念中央大学建筑系成立 70 周年谈中国建筑教育［J］．新建筑，1992（02）：58－59.

③ 钱锋，沈君承．移植、融合与转化——西方影响下中国早期建筑教育体系的创立［J］．时代建筑，2016（04）：154－158.

了从国际视角思考问题的习惯。

图2-1 张良皋中央大学毕业照

（图片来源：张晀提供）

图2-2 张良皋戴威尼斯军帽敬礼照

（图片来源：张晀提供）

2.1.4 上海范文照建筑师事务所时期

1947年秋，张良皋大学毕业，先后在上海范文照建筑师事务所和汪定增先生主持的上海市工务局营造处从事建筑设计。范文照1921年毕业于宾夕法尼亚大学建筑系，是张先生中央大学期间很多老师的校友，也是中国第一个建筑师团体“中国建筑师学会”的创建者。在20世纪20年代，范文照是一个不折不扣的复古主义者，他对不中不西的折中主义风格表示反感。1935年他代表民国政府赴英国参加第十四届国际市区房屋建筑联合会会议时，考察了欧洲20多个城市，亲身体验了现代建筑在不同国家地区的表现，渐而转向了“国际式”风格①。这期间，张先生对现代主义风格有了更切身的了解。这时期他在上海音乐学院为犹太人设计了音乐厅，但没有保留下来。在晚年的回忆中他写道：“在那里学到扎实的业务经验。以这样的功底迎接新中国成立后的建设事业，自问还能应付裕如。”②

---

① 王浩娱，杨国栋.1949年后移居香港的华人建筑师［J］.时代建筑，2010（01）：52－57.

② 张良皋.闻野窗课［M］.武汉：湖北联中建始中学分校校友会编，2005：31.

这个时期由于国民党的独裁统治，民生凋敝，时局动荡，张先生积极投身反独裁、反饥饿的学生民主运动。1947 年他参加了以中央大学同学为主体的青年社团——“长松团契”，同年还参加了在南京举行的“五二零反饥饿、反内战、反迫害”大游行。其间两次奉学生自治会之命到下关车站充当“警卫员”，一次是接马寅初先生，一次是接上海学生代表团①。1948 年 4 月，张先生正式加入了中共地下党的外围组织“新青年联合社”。当年冬，“长松团契”有六人被捕，张先生作为“长松团契”的第三届“常务理事”，考虑到他的安全，该组织中的共产党员张境清命他迅速转移，故而张先生于 1948 年冬不得不在“白色恐怖”中回到湖北，躲避到汉阳县老家的新民中学教书②。燕凌、宋琤写的《红岩儿女》一书便记述了该段 20 世纪国统区的青年群体反对专制独裁的爱国民主运动由“潜流”到“激流”的历史。另据当时“青年联合社”的重要负责人、傅积宽的夫人修泽兰（系张先生大学同班同学）回忆，当时该组织成员还有同为中央大学校友，后为我国国家领导人的江泽民总书记。这段经历磨炼了张先生的组织能力和社会活动能力，同时也反映了张先生青年时期向往光明、追求进步、关心国家前途和命运的政治觉悟。

2.1.5 武汉市建筑设计院时期

新中国成立后，张良皋先生被当时已“内定”为武汉市建设局局长的鲍鼎先生从新堤（今洪湖市）的襄南公学调往汉口参加一项重要的工程，即在生产军用电池的汉口电工器材厂工作。鲍鼎先生具有敏锐的政治眼光和专业洞察力，在新中国成立以前就看准了城市规划这一行。解放前夕他担任大武汉都市计划委员会技术领导，吸引了一大批城市规划方面的人才，如郑孝燮、李均、朱畅中、王祖堃等人。参照英国大伦敦都市规划的经验，他亲自主持大武汉都市规划，张先生的宏观设计思想与他的影响不无关系。新中国成立后，鲍鼎先生先后任武汉市建设局局长、城市建设委员会副主任，在“第一个五年计划”期间，主持武汉市的城市规划工作，并亲自主持制订重

① 张良皋．闻野窗课［M］．武汉：湖北联中建始中学分校校友会编，2005：22.

② 张良皋．张良皋文集［M］．武汉：华中科技大学出版社，2014：6.

建历史名胜黄鹤楼的设计方案。1951 年，张先生在他的引荐下加入武汉工程公司设计科，该单位后发展为武汉市建筑设计院（创建于 1952 年 10 月，即今中信建筑设计研究总院有限公司）。后来张先生回忆说："在鲍先生领导之下工作的头几年，是我生平最痛快的几年。成年累月陶醉在工作中，酣畅淋漓，充满成就感、自豪感。"①

这个时期的中国，刚刚历经战争洗礼，百废待兴，张先生参与设计了一系列的大型工程、应急工程，如汉口电池厂新厂、市委大楼、国棉二厂、新华电影院、江汉俱乐部、武钢住宅区、肺结核疗养区规划、红旗露天舞台、解放公园苏联空军烈士纪念碑、解放公园露天剧场大门、洪山无影塔迁移等武汉市知名建筑。其中黄鹤楼设计方案、苏联空军烈士纪念碑设计、无影塔选址布局、解放公园露天剧场大门等都属于典型的景观建筑作品，这对他以后彻悟该类建筑，进而理解风景园林之真谛大有裨益。这期间张先生也曾遭受过不公正的政治待遇，1958 年被错划成右派，因为有了"前科"，以后每次运动，包括"文革"，他都逃不过劫难。张先生经受住了考验，从未动摇其热爱党、热爱祖国的政治信念。2005 年抗战胜利 60 周年之际，他终于为自己争取到中国人民抗日战争胜利 60 周年纪念勋章。1975 年张先生从武汉市建筑设计院退休。退休后，他曾先后被武汉轻工院、武汉市蔡甸区设计院、武汉市设计集团聘为总建筑师，直到 1982 年他去华中工学院执教。

在武汉市建筑设计院工作时期，张先生正当中年，据他女儿张眺女士回忆，那时张先生也是一位工作狂，他家距设计院只有三站路，张先生长期住在单位，没有上下班的概念，对别人不肯干的工作他亦尽心尽力，他常常是挨完批斗后马上投入工作。因为设计院的本职工作是设计实践而非理论研究，而该时期建筑设计的主流意识是实用，故而该时期其学术活动均与建筑技术有关。1963 年他完成了建工部图书编辑室约译的 *Solar Control*，同时写有《群体遮阳》和《杆影图》两篇手稿，这期间发表在《建筑学报》上的两篇理论性文章《武昌东湖肺结核疗养区规划》和《试拟新砖型》也是以武

---

① 张良皋．忆鲍鼎先生［J］．社会科学论坛，2007（07）：120－123.

汉市工业民用建筑设计院的名义发表的。如果说此时他有一些略显“奢侈”的业余爱好，那就是对《红楼梦》、李白和白居易的研究。古人修身讲“志于道、据于德、依于仁、游于艺、逃于禅”。“文革”时期拆庙渎神，无禅可逃，毛主席提倡读《红楼梦》，“逃红”也成为一种时代现象，这对张先生来说也是对他在险恶的政治环境中，以及沉重的生活压力下孤寂心灵的一种慰藉，他也因此练就了“红、白”两学的功底，为后来以此为主题的风景园林研究和建筑设计奠定了基础。

2.1.6 华中科技大学执教时期

1981 年，也就是打倒“四人帮”、肃清文革流毒并拨乱反正的第五年，受当时华中工学院（现华中科技大学）校长朱九思之邀，张良皋先生随其学兄——清华大学建筑系周卜颐教授，并与原中央大学建筑系的另四位同学一道参与组建该校建筑系。这对饱读诗书、满腹经纶而又兼通西学的张先生来说无疑是一个可以尽情施展才华的机会。在此期间张先生主要讲授“中国建筑史”“建筑设计”和“干栏建筑研究专题”等本科生和硕士研究生课程。在课堂上，他是旁征博引而又不失风趣幽默的博学大师；在生活中，他是与学生志趣相投、亦师亦友的“老顽童”①。在华中科技大学 32 年的教育生涯中，张先生可谓育人无数、成果丰硕。现华中科技大学建筑与规划学院汪原教授和周卫教授为其第一届本科生；李晓峰教授为其第二届本科生；刘晖副教授为其第三届本科生；该学院景观学系主任万敏教授为张先生 1985 年招收的第一位研究生；浙江省建筑设计院总建筑师许世文是张先生招收的第三届研究生；武汉市原副市长张文彤为其招收的第四届研究生。在此期间，由于他出色的英语能力，张先生受国外多所高校邀请访问、交流。1987 年秋接受美国 IIT 建筑系主任 George Schipporeit 的邀请去美国进行学术交流，并在威斯康星大学、明尼苏达大学、伊利诺理工大学（IIT）、纽约库珀联大讲学；1993 年出访韩国岭南大学讲学；1995 年至 1996 年到苏丹理工大学支教一年，并在喀土穆大学、喀土穆应用技术学院、喀土穆艺术学院恩图曼胜利学院、

---

① 李保峰．悼念张良皋先生［J］．新建筑，2015（03）：133.

恩图曼大学女生部讲学；1998 年元月接受藤森照信建筑事务所邀请出访日本进行学术交流，并在东京大学讲学；2000 年受华中科技大学校友丁岚邀请，赴澳大利亚考察土著建筑，并到悉尼大学、新南威尔士大学讲学；2002 年赴美讲学期间周游美国，考察美国科罗拉多大峡谷、卡尔斯巴德洞、约塞米蒂国家公园和尼亚加拉大瀑布。由此张先生荣膺华中科技大学“十大名师”，并两度成为《华中大导师》的封面人物（图 2 - 3）。

图 2 - 3 《华中大导师》封面人物

（图片来源：张甘提供）

这个时期张先生除了进行正常的教学工作外，学术活动也日渐频繁。从 1982 年进入华中工学院以后，他就进入了学术活动爆发期和总结期，他前半生的实践感悟和后半生的学术积累都在该时期收官。20 世纪 80 年代的学术研究活动首先围绕着教学与科研展开。由于他精通国学，所以他执教后的首个研究目标便是中国传统建筑。在湖北省规模最大、规格最高的古建筑群首推武当山，该山自然成为他的首个研究对象。自 1980 年秋天第一次登临武当山，随后 20 次去考察，足迹遍及武当山周边的多个县市。张先生对武当山古建筑群的研究不仅从文化遗产的角度考证建筑的形制、构造工艺和匠作传承体系，更重要的是他还从风景园林的视角考察分析其风水环境和建筑布局，从而丰富了我国风景园林史中对明代寺观园林和皇家园林的研究。除武当山以外，张先生还考察了承德避暑山庄、明十三陵、清东陵、清故宫、明显陵、五台山佛光寺、恒山悬空寺、嵩山中岳庙等一些古建筑，通过这些考察活动，对古建筑的选址、布局、造型和结构特征有了更直观的认识。

20 世纪 90 年代以后，张先生学术活动的重心转向干栏建筑研究。鄂西土家族干栏建筑和聚落环境的研究是其为硕士研究生开设的“干栏建筑专题”课程。其实，张先生对吊脚楼的研究于 20 世纪 80 年代已经起步。因青少年在鄂西的生活经历，恩施成为张先生的第二故乡，恩施的吊脚楼成为他的原乡记忆，到华工执教之后，他首先想到的便是鄂西。自 1983 年到 2015 年他去世之前，他去鄂西考察不下 30 次。在考察过程中，他不但关注干栏建筑的结构、造型、匠作工艺，同时还从风景园林的角度发掘干栏聚落环境的风景价值，以及作为文化景观的干栏建筑在不同地域的发展演化轨迹。由于他在该研究领域的首创性和研究视角的独特性，因此在 1990 年、1993 年曾两次获得国家自然科学基金资助，并发表十多篇相关的学术论文。

新中国成立后，张先生由于反右和“文革”的影响曾与学术界“失联”20 多年，故而他擅用“围城打援”的研究方法，他的研究往往呈现由点及线、由线及面逐步蔓延覆盖的过程。鄂西的自然风景作为干栏聚落的天然背景自然逃不过他的“法眼”。20 世纪 80 年代后期，他的研究由干栏聚落环境延伸至鄂西自然风景，两者前后连贯而又咬合重叠，且自然风景的研究属于他干栏建筑研究的“副产品”和“外围战场”。这期间他发掘了腾龙洞、恩施大峡谷等一系列的自然风景资源，由于他持续的追踪研究以及中西比附的诠释方式，“盘活”了鄂西的风景资源，使这些处于蒙昧状态的自然风景成为当今享誉世界的自然遗产。故而他的研究对鄂西自然风景遗产具有“开光”作用，同时也给鄂西自然风景披上一层秘境仙居的神秘光环。

如果说鄂西自然风景的研究是他对干栏建筑研究空间上的扩展，那么 2000 年以后张先生所进行的巴楚文化景观的研究则是干栏建筑在文脉上的延伸。他由干栏建筑形制的演化轨迹推绎出文化传播线路，由文化传播线路追溯到古代巴楚地区的地理环境，通过对武陵山地、巫巴山地和江汉湿地地理环境的分析，发现巴域具有符合原始人类生存的优势条件，最后得出“巴文化是华夏文化之源”的结论，进而指出楚人的先祖祝融氏由于拥有干栏建筑这个开发沼泽的利器而成为中原地带最早的殖民者。张先生的华夏文化溯源工作唤醒了沉寂的历史，弘扬了地域文化，为我们生动地揭示了一系列的文化景观演进过程。2013 年在北京召开的第十六届中国民族建筑研究会年会上，他被授予“中国民族建筑事业终身成就奖”。张先生去世后，华中科技大学的悼词也给予他“巴楚建筑文化的缔造者”的桂冠 。

除了进行自己的研究课题之外，该时期张先生还进行了一些专业外文文献的翻译工作。1989 年至 1990 年，他在《新建筑》杂志上连续发表两篇他翻译的美国建筑师迈伦·戈德史密斯（Myron Goldsmith）的文章：《尺度效应》和《结构建筑学》，这是戈氏 1987 年出版的著作《建筑与立意》（*Building and Concepts*）中的两篇（图 2－4），文章中有关环境尺度的论述对他产生了一定的影响。戈德史密斯曾于 20 世纪 80 年代中期到华中工学院建筑系访问讲学，此后他邀请张先生到美国访问，两人成为情投意合的挚友。1991 年张先生为黄兰谷先生主持翻译的《建成环境的意义》（*The Meaning of the Built Environment*）一书作校对（图 2－5）。据周卫教授介绍，该书有关建成环境非语言的表达方式拓展了张先生的建筑伦理思想的视角，丰富了他的景观建筑思想内涵。

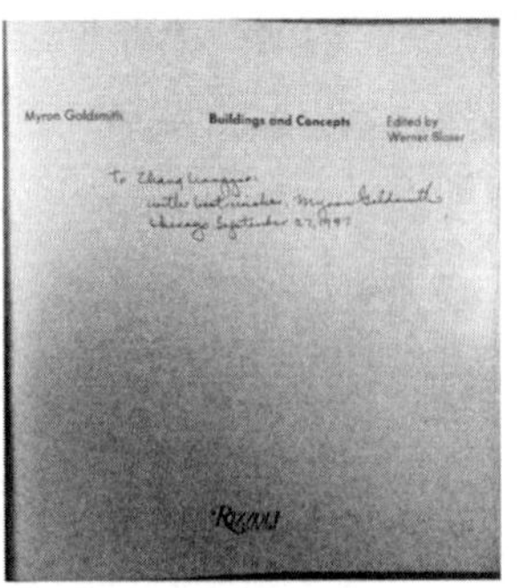

图 2－4 《建筑与立意》原著封面及作者赠言

（图片来源：张甘提供）

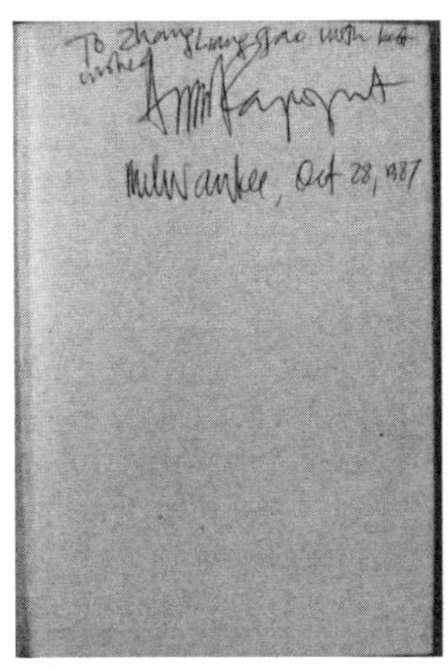

图2-5　《建成环境的意义》原著封面及作者赠言

（图片来源：张甘提供）

由于坚持不懈的努力和辛勤的劳动，加上早年的学术积淀，张先生的学术研究在华中科技大学时期结出了丰硕的成果，《武陵土家》《匠学七说》《巴史别观》《蒿排世界》相继出版。除了理论上的成就以外，在设计实践上也有所斩获，他主持设计的归元寺云集斋素菜馆、安陆李白纪念馆、汉阳侏儒文化宫等一些景观建筑都体现了中国传统建筑语汇的运用，竹山县郭山歌坛和贵州思南新城城市设计则体现了他以山水格局为坐标的宏观设计思想。

如果对执教时期张良皋先生风景园林学术活动的范围进行归纳，大致可分为三个领域：景观建筑、自然风景和文化景观。景观建筑方面主要体现在他对武当山古建筑群和土家族干栏建筑的研究以及他的园林建筑设计作品；自然风景的研究主要体现在对鄂西风景资源的发掘与推介；文化景观的研究则主要体现在以盐源、文化线路和湿地蒿排聚落为研究样本的巴楚文化历史考证以及文化景观遗产的价值发掘方面。执教时期张先生的学术思想最为活跃，学术成果最为丰硕，可以说是他建筑与风景园林学术思想的成熟期。

2.2 著述情况

张良皋先生一生追求学问，笔耕不辍，著述颇丰，下面对其著述成果予以介绍。

2.2.1 著述成果概况

张先生已公开出版的著作有10部，其中独著6部，合著1部，论文集1部，主编2部；发表论文161篇（不完全统计），其中大部分内容均与景观建筑、文化景观、自然风景相关。张先生著名的“占源四简”——《武陵土家》《匠学七说》《巴史别观》《蒿排世界》是其代表作（图2－6）①，其中的风景园林内涵非常丰富。其建筑历史理论、建筑设计理论方面的文章主要发表在《建筑学报》《建筑师》《规划师》《世界建筑》《新建筑》等刊物上；其文化景观方面的文献主要发表在《文物》《江汉考古》《土家族研究》《地理知识》等期刊上，其有关鄂西自然风景的文章主要发表在《旅游》《鄂西日报》《恩施日报》《长江日报》《武汉晚报》《楚天都市报》等期刊和报纸上。

图2－6　“占源四简”四书封面

（图片来源：作者拍摄）

① 张良皋．蒿排世界［M］．北京：中国建筑工业出版社，2015：197.

此外，张先生还参与了很多古建筑测绘、风景名胜区规划编制、传统聚落保护、文化遗产保护等学术会议或评审工作，留下了一些测绘图纸、规划建议书、发言稿、倡议书等。如武当山玉真宫古建筑测绘、三峡五溪风景区规划提纲、腾龙洞风景名胜区规划建议书、大武陵文化圈规划倡议、宣恩吊脚楼群及其外部环境申报世界遗产的建议等，这些都是张先生风景园林学术思想的生动反映。

2.2.2 著述统计分类

张先生的两个国家自然科学基金项目分别为《鄂西土家族、苗族建筑的研究、保护与利用》和《中国干栏建筑综合研究》。两个项目除了对干栏建筑的结构、形态、形制和匠作工艺进行研究以外，对干栏聚落的外部环境、形制演化轨迹也进行了深入、系统的揭示，这些都属于风景园林学的范畴。粗略地估计，在张先生的干栏建筑研究中，与风景园林学科相关的内容约占三分之一的比重。

在张先生的10部著作中，属于人居环境专业领域的有8部，其中以主编身份参与或合著的有3部，有一部为论文集，代表作为《武陵土家》《匠学七说》《巴史别观》《蒿排世界》四本。其中《巴史别观》和《蒿排世界》以文化景观的内容为主；《武陵土家》是以风土、风物为主的人文地理类著作；《匠学七说》前三说为建筑历史理论研究，后四说均与风景园林学科有关。故而在张先生四本代表性学术专著中，其中有关风景园林学术思想的内容约占三分之二的比重。

在张先生的158篇文章中，期刊论文有99篇，除了7篇悼念性文章和8篇其他内容的文章与专业研究无关外，其余84篇均与专业研究有关；这84篇文章中与风景园林学相关的约占三分之二的比重。18篇会议论文中除1篇为研究《红楼梦》的文章，其余17篇均与风景园林学科有关。报刊文章共43篇，其中仅10篇与风景园林学科无关，其余的则以自然风景和建筑遗产保护方面的内容为主。张先生的科研和著述作品统计见表2-1。

表 2-1 张良皋著作、科研和设计作品一览表

国家自然科学基金课题			
序号	基金名称	项目编号	时间
1	鄂西土家族、苗族建筑的研究、保护和利用	59078337	1990
2	中国干栏建筑综合研究	59278319	1993

著作			
序号	著作名称	出版社名称	时间
1	老房子（文：张良皋；摄影：李玉祥）	江苏美术出版社	1994
2	中国民族建筑——湖北卷（主编）	江苏科技出版社	1998
3	中国建筑艺术全集·宅第建筑·南方少数民族卷（主编）	中国建筑工业出版社	1999
4	武陵土家（文：张良皋，摄影：李玉祥）	生活·读书·新知三联书店	2001
5	匠学七说	中国建筑工业出版社	2002
6	闻野窗课	湖北联中建始中学分校校友会主编	2005
7	巴史别观	中国建筑工业出版社	2006
8	曹雪芹佚诗辨	中国建筑工业出版社	2009
9	张良皋文集	华中科技大学出版社	2014
10	蒿排世界	中国建筑工业出版社	2016

期刊论文				
序号	文章名称	期刊名称	引用次数	时间（期数）
1	武昌东湖肺结核疗养区规划	建筑学报		1959. 06
2	试拟新砖型	建筑学报		1962. 01

续表

期刊论文				
序号	文章名称	期刊名称	引用次数	时间（期数）
3	谈《红楼梦》版本名称牵涉的问题——兼与邱惕盈同志商榷	河北师范大学学报（哲学社会科学版）		1980.03
4	关于云梦陶楼的几点讨论	新建筑	5	1983.04（01）
5	伴我四十年的一部词典	辞书研究		1983.08（04）
6	论楚宫在中国建筑史上的地位	华中建筑	10	1984.04（01）
7	圭窬小识	文物	5	1984.03（03）
8	也释“肮脏”	红楼梦学刊		1984.12（04）
9	利川落水洞应该夺得世界名次	旅游		1985.04（04）
10	秦都与楚都	新建筑	7	1985.10（03）
11	友人谈《说园》（第二作者）	新建筑	1	1986.04（01）
12	论建筑创作的风格、流派及其他	建筑		1986.03（06）
13	为襄阳城垛箭孔位置献可	江汉考古		1987.04（02）
14	悼念亡友黄兰谷教授	新建筑		1989.10（03）
15	空谷幽兰——赞兰苑山庄	新建筑	4	1989.10（03）
16	评价《中国古建筑装饰图案》	华中建筑		1989.12（04）
17	美国建筑观感	世界建筑		1989.12（06）
18	尺度效应（二人合写）	新建筑		1989.12（04）
19	土家吊脚楼与楚建筑——论楚建筑的源与流	湖北民族学院学报（社会科学版）	24	1990.04（01）
20	结构建筑学（二人合写）	新建筑	5	1990.04（01）
21	郑燮、潘逢元对“肮脏”如何取义	红楼梦学刊		1990.12（04）

续表

期刊论文				
序号	文章名称	期刊名称	引用次数	时间（期数）
22	马里奥·波塔访问记（二人合写）	时代建筑		1991.04（01）
23	中国建筑师的说与做	新建筑		1991.07（02）
24	美国环境印象	新建筑		1991.12（04）
25	大匠之学与大匠之路	建筑师		1992.04（02）
26	中国建筑与中国人的行为模式	新建筑		1993.10（03）
27	驳中国建筑封闭论	新建筑	1	1993.12（04）
28	干栏建筑演变过程中的人文地理效应（二人合写）	新建筑	16	1994.02（01）
29	铁画银钩写阁栏——评辛克靖著《民族建筑线描艺术》	新建筑		1994.05（02）
30	建筑化的雕塑，雕塑化的建筑和中国建筑	新建筑	3	1994.08（03）
31	华夏宗源新探	理论月刊	1	1994.09（09）
32	Architectural Relationship among China, Korea and Japan	世界建筑	5	1994.11（04）
33	武汉地区最佳建筑评后	新建筑		1995.02（01）
34	“朝”与“市”——论商业对中国古都面貌的影响	建筑学报	2	1995.02（02）
35	双开间建筑——东向坐礼仪与符号化圭臬	江汉考古	7	1995.03（01）
36	评《湖南传统建筑》	华中建筑		1995.03（03）
37	九省通衢的宏观设计——论武汉历史文化名城的“纂”与“创”	武汉文博		1995.09（03）
38	建筑慎言个性	建筑师		1995.04（02）

续表

期刊论文				
序号	文章名称	期刊名称	引用次数	时间（期数）
39	吊脚楼——土家人的老房子	美术之友（03）	12	1995.07（03）
40	补秦可卿之死的数事	华中理工大学学报（社会科学版）		1995.08（03）
41	干栏建筑体系的现代意义	新建筑	34	1996.02（01）
42	巴师八国考	江汉考古	15	1996.03（01）
43	阿布扎比一瞥	新建筑		1996.05（02）
44	傣族竹楼——中国民族建筑的奇妙发明	长江建设	13	1996.10（05）
45	友辈诗章纪远游——曹雪芹南游考之一	华中理工大学学报（社会科学版）	1	1996.08（03）
46	建筑初步课管见	新建筑	4	1996.11（04）
47	园林城郭济双美——谈中国城市园林的宏观设计	规划师	1	1997.03（01）
48	三巴寻五帝，百越探三皇——一个建筑师的中国古史观	理论月刊		1997.04（04）
49	夷陵秋雨助诗思——把宜昌建得“可留”更“可游”	三峡发展导刊		1997.10
50	纪念陶德坚教授	新建筑		1997.11（04）
51	论史湘云之终身不嫁（下）	红楼梦学刊	1	1998.02（01）
52	饱含智慧的土家吊脚楼	张良皋文集		1998.03（03）
53	给仿古建筑以历史地位	时代建筑	9	1998.05（02）

续表

期刊论文				
序号	文章名称	期刊名称	引用次数	时间（期数）
54	金华一妙	新建筑		1998.05（02）
55	少见的建筑大族——侗族	地理知识		1998.06（06）
56	悼童鹤龄	新建筑		1998.08（03）
57	红楼梦大观园匠人图样复原研究	建筑师		1999.04（02）
58	大型商场的室内布置和视觉刺激对人流路线的影响（三人合写）	华中建筑		1999.03（01）
59	匠门述学——为纪念中央大学建筑系成立70周年谈中国建筑教育	新建筑	7	1999.04（02）
60	纵横论土家	土家学刊		1999.04
61	巴建筑、巴文化窥奥	长江建设		1999.06（03）
62	没落的土司“皇城”——唐崖土司城	地理知识		2000.02（02）
63	土家族文化与吊脚楼	湖北民族学院学报（社会科学版）		2000.03（01）
64	花台？花池？	长江建设		2000.10（05）
65	干栏——平摆着的中国建筑史	重庆建筑大学学报（社科版）	33	2000.12（04）
66	为重建圆明园参一议	建筑师		2000.12（06）
67	从悉尼歌剧院论到北京国家大剧院（上）	新建筑	10	2001.02（01）
68	从悉尼歌剧院论到北京国家大剧院（下）	新建筑		2001.04（02）
69	甲骨文巴人首创说补证	寻根	5	2001.06（03）

续表

期刊论文				
序号	文章名称	期刊名称	引用次数	时间（期数）
70	人间仙居吊脚楼	中国民族		2001.08（08）
71	忆杨廷宝先生数事	新建筑	6	2001.12（06）
72	文化传播的南北三古道	重庆建筑大学学报（社科版）	3	2001.12（04）
73	读辛克靖《中国少数民族建筑艺术画集》	新建筑		2003.02（01）
74	构建大武陵旅游文化圈之我见	旅游		2003.03（03）
75	建筑设计中的哲学思考	长江建设		2004.02（01）
76	重新认识匠学 回归中华本位	新建筑		2004.02（01）
77	悼周卜颐老学长	新建筑		2004.04（02）
78	论中国环境·建筑·文化——《巴史别观》结语	华中建筑	1	2005.02（01）
79	悼黄康宇学长	新建筑		2005.12（06）
80	评《结构构思论——现代建筑创作结构运用的思路和技巧》	新建筑		2006.04（02）
81	大武陵的地理和历史定位	土家族研究		2007.02
82	中国建筑文化再反思——回应叶廷芳先生《中国传统建筑的文化反思及展望》	新建筑	6	2007.06（03）
83	忆鲍鼎先生	社会科学论坛（学术评论卷）		2007.07（07）
84	为《红楼梦》中的蹊跷冬至寻根	寻根	2	2007.08（04）
85	灵山十巫与女娲	郧阳师范高等专科学校学报	1	2007.08（04）

续表

期刊论文				
序号	文章名称	期刊名称	引用次数	时间（期数）
86	序张奕《教育学视域下的大学建筑》	建筑师		2007.08（04）
87	《红楼梦》中的神秘芒种	寻根		2007.12（06）
88	武汉空战中的武汉籍空军英雄赵茂生	武汉文史资料		2008.06（06）
89	庸戈释名探义	郧阳师范高等专科学校学报	3	2009.02（01）
90	建筑辞谢玩家——从新央视大楼北配楼大火说起	华中建筑	3	2009.03（03）
91	建筑必须讲理——书《建筑辞谢玩家》后	高等建筑教育	2	2009.08（04）
92	平生不做第二人想	武汉文史资料		2009.10（10）
93	悼郑光复	新建筑		2010.02（01）
94	答李学关于《巴史别观》的评论	建筑师	1	2010.02（01）
95	《卯洞集》读后	湖北民族学院学报		2011.02（01）
96	世界建筑的木石之争和中国建筑的文艺复兴——张钦楠著《中国古代建筑师》读后	建筑师	2	2011.06（03）
97	来凤佛潭咸康先后之谜	湖北民族学院学报	2	2011.04（02）
98	赞“通科画家”辛克靖	新建筑		2012.06（03）
99	作育大匠，取法经师——纪念华中科技大学建筑学系创立30周年	新建筑		2012.10（05）

续表

会议论文或论文集			
1	开发施州风景资源刍议	《武陵山区农村综合开发治理学术讨论会会议论文集》	1986.10
2	章华宫杂议	《楚章华台学术讨论会论文集》	1988
3	先楚建筑一例——盘龙城一号殿复原讨论	《楚文化论集》	1991
4	八方风雨会中州——论中国先民的迁徙、定居与古代建筑的形成和传播	《建筑与文化论集》	1993
5	中国古代建筑宏观设计的顶峰	《武当山中国道教文化研讨会论文集》	1994
6	侗族建筑纵横谈	《1927—1997 建筑历史与理论研究文集》	1997
7	符号寓意与建筑表象	《建筑史论文集》	1999
8	新纪寄言说永恒——纪念童寯先生百年诞辰	《关于童寯》	2002
9	中国人文传统与中国科学发展	《中国学者心中的科学·人文》	2002
10	历史城市保护小议	《历史城市和历史建筑保护国际学术讨论会论文集》	2006
11	金陵十二钗——《红楼梦》中的超前女性	孔目湖讲坛录（会议）	2006.06
12	武当山古建筑综论	《武当山古建筑》序言	2006

续表

会议论文或论文集			
13	从武汉大学早期建筑说到东西建筑文化之整合	《纪念刘敦桢诞辰110周年暨中国建筑史学研讨会论文集》	2007
14	斯人化鹤，谁与论文——纪念张正明先生	《张正明先生八十诞辰暨学术研究座谈会文编》	2007.12
15	武陵、武当、玄武和神农架	《武当道教和传统文化学术研讨会论文集》	2008
16	保护钢铁工业遗产，武汉要向西方匹兹堡学习	《汉阳文史：纪念张之洞与保护工业遗产专辑》	2008.11
17	中国群巫地舆考证订补	《武当山道教与传统文化学术研讨会论文集》	2008
18	蒿排世界	《建筑与文化——2010年国际学术讨论会论文集》	2010
报刊文章			
1	气吞万壑震九渊——利川腾龙洞题词并记	长江日报	1986.07.20
2	山川精粹 洞宇魁元——介绍利川腾龙洞	老年文汇	1986.08
3	开发施州风景资源	长江开发报	1987.08.20
4	如何对待中国建筑传统	建设报	1989.01.20
5	悼西陵抗日战场缅怀为光复宜昌战役捐躯的老同学李兴臣	宜昌日报	1991.01.14
6	腾龙洞导游歌	鄂西报	1991.11.01
7	为保卫鄂西古建筑献一策	鄂西报	1992.01.11
8	鄂西建筑采风录	鄂西报	1992.01.15
9	告别三峡 发现鄂西	鄂西报	1992.08.22

续表

报刊文章			
10	题利川鱼木寨	鄂西报	1992. 09. 05
11	美洲的发现与鄂西的开拓——从纪念哥伦布说起	鄂西报	1992. 09. 19
12	访韩纪事诗	长江日报	1993. 03. 09
13	中国古典文学中的建筑信息	光明日报	1993. 11. 20
14	朱雀考——论随州市市标	随州日报	1993. 11. 12
15	多刊些建筑评论文章	长江日报	1994. 04. 09
16	提高大学生综合素质	长江日报	1994. 06. 16
17	诗词：七绝 应纽约四海诗社毋忘甲午征诗	华中理工大学周报	1994. 10. 22
18	题磐潭诗词	长江日报	1994. 10. 29
19	车过卢沟桥	武汉晚报	1995. 09. 06
20	顽石无情人有情——从狮身人面像说到棒槌山	建筑报	1997. 11. 18
21	从中国走向世界——关于国家大剧院的建筑设计与叶廷芳先生商榷	中国市容报	1998. 11. 04
22	关于开发鄂西旅游资源的通信——张良皋写给姚茂胜	恩施日报（来凤版）	1999. 01. 05
23	十二金钗　超前女性	澳大利亚自立快报	2000
24	圆明园是一座政治、文化建筑，中国人有义务精心保护她	中国经济时报	2000. 08. 14
25	关于“圆明园还算不算遗址”	建筑时报	2001. 02. 05
26	为多面手加学分	武汉晚报	2003. 05. 08
27	探访荆楚苗寨第一院——官坝院子	恩施日报	2004. 04. 17

续表

报刊文章			
28	呼吁：妥善保护"江夏民居"	长江日报	2004. 05. 06
29	点评：高楼遮蔽山水名楼	长江日报	2004. 05. 31
30	呼吁：为汉正街留下最后的根脉	长江日报	2004. 07. 12
31	建设性破坏与破坏性建设	长江日报	2004. 07. 26
32	旧城改造与老城完善	长江日报	2004. 12. 06
33	恢复江河故道，再见武汉面貌	长江日报	2005. 05. 30
34	论点："我就是要改写中国文明史"张良皋：巴域文明早于黄河文明	武汉晚报	2005. 10. 26
35	在战乱中长大	长江日报	2005. 12. 01
36	竹山武陵峡疑似桃花源	楚天都市报	2006. 04. 21
37	"中国之中"定位鹤峰陈家湾岭	楚天都市报	2006. 7. 27
38	一书揽尽武昌百年风流	武汉晨报	2006. 10. 13
39	新区建设应彰显"云梦泽"地理文化品牌	长江日报	2007. 10. 29
40	世界文化遗产——武当山古建筑	湖北日报	2007. 11. 5
41	恢复300年前的一条旅游线路	九三湖北社讯	2009. 02
42	我为长江大日食祈祷	楚天都市报	2009. 07. 05
43	保康在鄂西生态旅游文化圈的定位	湖北社会科学报	2009. 11. 01
44	黄陂"石雕户对"胜过孔府	长江日报	2013. 06. 25

续表

与张良皋先生有关的采访、发言报道			
1	创建安全文明小区专家九人谈	武汉公安报	1997.04.27
2	发言：武汉是个岛，城市规划总是将错“救”错的过程	武汉晚报	2003.05.08
3	校园环境与人文教育——张良皋教授访谈	华中理工大学周报	1997.04.11
4	发言：专家学者纵论昙华林	长江日报	2004.10.03
5	建筑学老教授为华夏文明解码	楚天都市报	2006.08.22
6	访谈：用建筑解说历史	武汉晨报	2007.11.01
7	惊心动魄的“4.29”空战	长江日报	2008.02.18
8	访谈：重建黎陵是“题中必有之义”	长江日报	2008.04.23
9	喻家山下的建筑人文大师	楚天都市报	2009.04.13
10	几代人记忆里的交通路	楚天都市报	2009.07.10
11	建筑学界一奇人　建筑学家张良皋解曹雪芹　张良皋依然在书写	华中科技大学武昌分校校报	2009.09.15
12	桥梁工程　健康最美	武汉晨报	2009.09.29
13	九旬“校宝”讲述最“华科”	长江日报	2012.10.05
14	访谈：张良皋，时代把我推进了大学，推进了抗战	时代周报	2012.11.09
15	口述“有影无踪”	楚天都市报	2013.05.15
16	口述“胜像遗暇”	楚天都市报	2013.05.22
17	口述“行宫怀古”	楚天都市报	2013.05.29
18	九旬施工设计师张良皋：烈士墓原设计还有一座纪念坛	长江日报	2013.08.15
19	访谈：探访武汉现存最老建筑无影塔，古塔铭记江城历史	楚天都市报	2014.06.13
20	访谈：九旬教授张良皋亲眼见三次空战	长江日报	2014.06.20

续表

主要设计作品			
	作品名称		年代
1	武汉电工器材厂		1950
2	武汉市委大楼		1952
3	汉口新华电影院		1954
4	武钢住宅区		1954
5	解放公园苏联空军烈士纪念碑		1955
6	黄鹤楼设计竞赛方案		1957
7	武汉建筑工程局办公大楼		1959
8	武汉洪山广场无影塔选址与迁移		1963
9	武汉市国棉二厂		1964
10	汉阳钢厂转炉车间厂房		1967
11	解放公园露天剧场大门		1972
12	中山公园水禽岛设计		1976
13	解放公园转马棚设计		1976
14	汉阳钢厂职工医院		1976
15	春江餐馆		1978
16	第四皮鞋厂食堂		1979
17	省外贸局职工宿舍		1979
18	归元寺云集斋素菜馆		1980
19	汉阳县（今蔡甸区）侏儒镇文化宫		1984
20	安徽口子酒厂办公楼		1984
21	安陆李白纪念馆		1986
22	蕲春李时珍医院		1987
23	张家界澧水风貌带概念性城市设计		2007

续表

主要设计作品			
	作品名称		年代
24	宣恩县两河口村（彭家寨）历史文化名村保护规划		2008
25	庆阳坝凉亭老街景区修建性详细规划		2008
26	九江琵琶亭景区设计		2009
27	思南新城城市设计		2010
28	竹山县郭山歌坛设计		2010

（资料来源：作者整理）

2.3 本章小结

张良皋先生作为跨世纪的老人，经历了抗战、新中国成立和改革开放等重要的社会历史发展变革时期，其人生经历充满了传奇色彩，坎坷的人生遭遇及社会环境和自然环境对其风景园林学术思想的形成产生了重要的催化作用。

首先，本章对张良皋先生的人生经历、教育背景、职业生涯进行了系统的梳理，并把其划分为童年时期、中学时期、中央大学时期、上海范文照建筑师事务所时期、武汉市建筑设计院时期和华中科技大学执教时期六个阶段。

其次，本章分析了不同时期社会政治环境和生活环境对其思想产生的影响，梳理了其学术活动事迹和与之相关的社会关系，还原其风景园林学术思想发展、形成的社会历史背景。

最后，本章对其学术成果进行分类统计，根据其学术活动频度和标志性学术成果分布规律，揭示了其学术思想嬗变和捩转的轨迹，为后面分类总结其风景园林学术思想奠定了基础。

3 张良皋景观建筑学术思想研究

《辞源》中对“景观建筑”的解释有两层含义，其一是广义的景观建筑，指的是一门学科——景观建筑学，英文是 Landscape Architecture；2011 年建、规、景各自独立成一级学科后，被统一称为风景园林学，它是以建筑、规划、园林为支撑骨架，探索多学科交叉的一门人居环境规划设计学科。其二是指在风景区、公园、绿地、广场等户外开放空间中出现的具有景观作用的一类小型公共建筑，具有景观与观景的双重身份，其英文写法是 Landscape Building。本章中所说的景观建筑即指其狭义的范畴，即风景区、公园、广场或其他户外公共空间中具有观赏价值的建筑。笔者认为景观建筑依其所处的空间位置不同，又可划分为风景建筑、园林建筑、小品建筑、地标建筑、寺观建筑①；李晓峰教授认为聚落也具有景观建筑的性质，他不仅从建筑学和社区的视角研究聚落，也从风景学的视角研究聚落②；麦克哈格的《设计结合自然》③ 和普林茨的《城市景观设计》都把城镇也纳入景观规划的范畴，本文亦将张先生结合地形谋划建筑群体布局的城市设计方面的研究纳入考察范围。

景观建筑是建筑类别中最富人文内涵的部分，张先生因其深厚的国学功

---

① 万敏，王丹．见微知著：由景观微建筑而论风景园林建筑设计课程体系［Z］．手稿，2019.02.12.

② 李晓峰．多维视角下的鄂西干栏聚落［Z］．武汉：土家族泛博物馆“活化”展览学术讲座，2018.11.22.

③ 麦克哈格．设计结合自然［M］．芮经纬，译．北京：中国建筑工业出版社，1992：85 - 100.

底，使得他对此种建筑类别偏爱有加。他对景观建筑的实践和思考伴随其一生，在理论和实践两个方面均有不少独特的思想感悟。故笔者试以理论和实践两个方面的学术成果为研究框架，对其景观建筑思想分别给予分析解读。下面首先对其景观建筑思想形成的背景予以梳理和回顾。

3.1 张良皋景观建筑思想理论与实践背景

张先生的景观建筑思想是伴随他的人生历程逐步形成的，其思想带有鲜明的时代烙印。从时序来看，他的人生历程大致可以划分为三个阶段：大学毕业以前时期、武汉建筑设计院时期和执教时期。大学毕业以前时期是他景观建筑思想素质基础的奠定阶段，包括儿时国学基础的建立，到恩施后对风景如画的土家族乡土建筑的认识，以及中央大学时期对西方古典主义建筑的学习；武汉市建筑设计院阶段是他景观建筑思想实践应用与活化时期，这时期他从事了各种形式的景观建筑实践，积累了一些宝贵的经验；华中科技大学执教的30余年是他景观建筑学术思想融会贯通时期，这时期，他博采多闻，前期的积累经岁月的沉淀和熔炼而厚积薄发。回顾张先生的景观建筑思想形成过程，经历了环境熏陶、专业学习、实践检验、经验积累、学术总结、大匠通化的过程。下面分别予以阐述。

3.1.1 大学毕业以前

(1) 童年时期的启蒙教育

张先生出生于旧知识分子家庭，从小就受到良好的传统文化教育，对“四书五经”等儒家经典耳熟能详。张先生在《图像巴史》一文中自述：“笔者也是‘幼承家学’，先父国乔公就教我念过八卦歌诀：‘乾三连，坤六断，离中虚，坎中满，震仰盂，艮覆碗，兑上缺，巽下断’。”① 对《周易》的学习奠定了他风景园林认知的基础以及朴素的宇宙观；《尚书·禹贡》中对九州的描述使他对中国的古地理环境有了朦胧的认识。幼年的这些教育使他养成了引经据典且从宏观环境角度思考建筑的习惯，而这对风景园林学者

① 张良皋．巴史别观［M］．北京：中国建筑工业出版社，2006：123.

而言也是必备的基础。

（2）中学时期对景观建筑、乡土建筑的认知

1938 年日军逼近武汉，张先生随同湖北联合中学的 3 万名师生从武汉迁移至恩施。1938 年至 1942 年，他在恩施读完了初中和高中。在恩施的四年，张先生接受了入情入境的景观建筑“情景教育”。首先是原汁原味的民族建筑——吊脚楼让他难以忘怀，在后来回忆的文章中他写道：“抗战期间我们初到鄂西时，施宜大道上的人文景观很丰富，很‘新鲜’。第二站木桥溪就见到风雨桥，而且住进了吊脚楼，此后沿路都可见到吊脚楼，这种房子的风格是如此的出人意料而入人意中，以致直到我垂垂老矣还津津有味地研究这一类型建筑。”① 施宜古道之行使张先生对鄂西地区的乡土建筑——吊脚楼的独特造型以及与地形环境的默契关系有了直观感性的认识，这也可以说是他景观建筑的第一课。

其次，鄂西古色古香的传统建筑让他魂牵梦绕。当时湖北联合中学宣恩的临时办学地点是当地的文庙，大成殿作教室，大成殿前面的月台为操场。文庙西面是火神庙，东北面是城隍庙，文庙的东面是宋家祠堂②。在如此古雅和具有神灵气息的建筑环境中生活学习，耳濡目染，潜移默化，使张先生对寺观建筑、宗祠建筑、乡土建筑的布局、形态、结构、装饰了然于心，由此对景观建筑产生了浓厚的兴趣。此外，宣恩、建始等地保留有大量的景观建筑，如建始的石柱观、天鹅观，宣恩的东门关，这些地方也是张先生经常游玩之处。张先生感兴趣的不仅是建筑本身，还有建筑与山水环境之间奇妙的关系。多年后他在回忆文章中记述道：“（天鹅观）坐落在突出坝中山嘴上，真是形胜之地。一进入三里坝，立即见到天鹅观，形成鲜明地标。”③ 这些生活经验都成为张先生后来景观建筑思想的生动素材。

日本作家奥野健男在《文学中的原风景》中认为，人们心目中美的风景

---

① 张良皋．武陵土家［M］．北京：三联书店，2001：26.

② 张良皋．西迁琐忆［C］//青史记联中．武汉：湖北联中建始中学分校校友会编，2009：168.

③ 张良皋．武陵土家［M］．北京：三联书店，2001：26.

都带有童年的记忆，“这也是文学母体的‘原风景’……是相当于人类历史的神话时代的‘原风景’”①。很显然，恩施富有诗意的自然人文环境使张先生深切地感受到景观建筑的魅力。恩施的建筑环境滋养了张先生的景观建筑的灵性。张先生心目中的武陵，不同于普通游客心目中的武陵，武陵地区的山水及嵌入其中的建筑是他梦中的原乡风景。

（3）中央大学时期

1943年张良皋先生考取中央大学建筑系，这个时期也被建筑史学界誉为中央大学建筑系的黄金时期，其采用正规的布扎教学体系。张先生在此所接受的布扎体系建筑教育奠定了他建筑学思想的基础，景观建筑作为建筑学思想的一部分，自然也包含有布扎建筑教育理念的成分，从他中华人民共和国成立以后的一些景观建筑作品中可以看到布扎教育的影响。但这里需要指出的是，张先生在中央大学接触的并不是布扎的原始版本，而是经过第一代建筑师本土化改良后的“修订版本”。杨廷宝、刘敦桢等中国第一代建筑师出于对中国传统文化的热爱和历史责任感、使命感，在学习西方的古典建筑过程中，自觉地对其进行了民族化的改造。由于布扎教学体系中造型要素与构图原则分离的特点，使得不同风格的建筑要素在构图体系之间的置换成为可能。刚开始，第一代建筑师们尝试运用西方古典构图法则组合中国传统要素，随着对传统建筑结构逻辑的进一步研究，建筑师开始运用中国传统建筑组合法则组合中国古代要素②。

在青少年时期，尽管张先生在鄂西接受了“民族建筑博物馆”环境的熏陶，在中央大学接受了大师们的言传身教，但是，景观建筑毕竟是一门具有独特内涵的学科分支，并且是一种综合艺术、理工、文学、历史多方面知识的学科，要达到一定的思想境界，尚需实践经验的积累，故而对张先生而言，大学的学习经历仅为他后来景观建筑思想发展奠定了一个良好的基础。

3.1.2 武汉市建筑设计院时期

1947年张先生毕业后，与同学童鹤龄一道进入上海范文照建筑师事务所

---

① 奥野健男．文学における原風景［M］．东京：集英社，1972：29.

② 汪妍泽，单踊．“布扎”构图中国化研究［J］．新建筑，2017（02）：110－113.

工作。该时期时局动荡，加之张先生积极投身于反饥饿、反内战的学生民主运动，没留下建筑设计作品。1952 年，张先生在授业恩师鲍鼎的引荐下进入武汉市建筑设计院工作。由于当时的国际政治背景，中国的建筑设计思想主要受苏联影响，强调结构工程和装配技术，在形式上古典主义成为“正确”的潮流。“社会主义内容、民族主义形式”成为建筑创作的指导方针。1955 年设计的苏联空军烈士纪念碑正是在这种思想指导下完成的，不管是平面布局还是立面构图，都显示了鲜明的新古典主义特征。从设计作品上看，该阶段是张先生布扎建筑教育思想的实践期和消化期。

60 年代中苏关系恶化，苏联终止对中国的援助，国内进入“大跃进”时期，“节约成本”成为建筑设计的主导思想。1964 年全国设计单位开展了“设计革命”运动，导致“片面强调节约，片面批判‘大、洋、全’，排斥建筑艺术，以致工程造价越低越好，建筑造型越简单越好，片面压低住宅标准的倾向”①。建筑设计成为结构技术的附庸，这种思想一直延续到 1978 年改革开放。这期间，张先生参与或主持了武汉市的一些重大建筑工程项目，都体现出重视结构和厉行节约的思想，如武汉市国棉二厂和汉阳钢厂转炉车间设计，其中 1967 年由他设计的汉阳钢厂转炉车间，是当时国内跨度最大的特大型厂房，现已被列为武汉市级工业遗产。1963 年洪山无影塔迁移工程的选址布局，体现了他对均衡对称为原则的古典主义设计思想的灵活运用，该建筑 2013 年入选全国重点文物保护单位。其实 60 年代初张先生已经开始思考中国传统建筑的问题，1963 年他向中央大学时期的恩师刘敦桢先生请教席居制的历史，刘敦桢先生回信对张先生独到的见解表示肯定，并陈明自己对席居制的见解（图 3－1）。

---

① 潘谷西．中国建筑史［M］．北京：中国建筑工业出版社，2015：437.

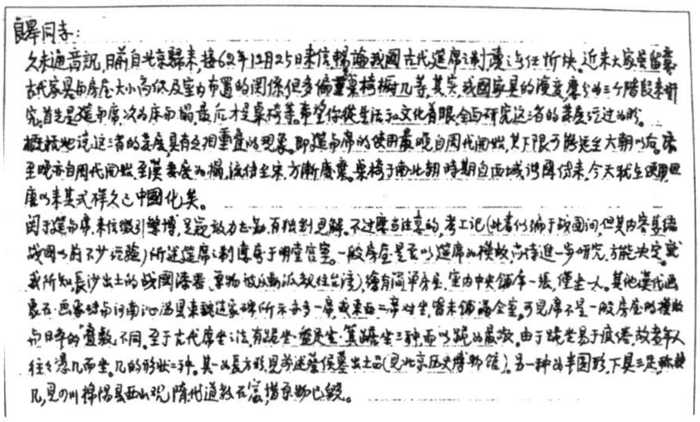

良皋同志：

久未通音讯，日前自北京归来，接62年12月25日来信，畅论我国古代筵席之制，读之[illegible]欣快。近来大家皆留意古代家具与房屋大小高低及室内布置的关系，但多偏重桌椅橱几等。其实我国家具的演变，应分为三个阶段来研究，首先是筵与席，次为床与榻，最后才是桌椅等。希望你从生活和文化着眼，全面研究这三者的发展过程为盼。

概括地说，这三者的发展具有互相重叠的现象，即筵与席的使用最晚自周代开始，其下限[illegible]延至六朝以后。床至晚亦自周代开始，至汉发展为榻，流传至宋，方渐废弃。桌椅于南北朝时期自西域逐渐传来，今天我们使用的唐以来其式样久已中国化矣。

关于筵与席，来信征引繁博，足证致力之勤，有独到见解。不过应当注意的，考工记（此书约编于战国间，但其内容基础战国以前不少论述）所述筵席之制专属于明堂宫室。一般房屋是否以筵席为模数，尚待进一步研究，方能决定。就我所知，长沙出土的战国漆器（实物被反动派劫往台湾），绘有简单房屋，室内中央铺席一张，仅坐一人。其他汉代画象石、画像砖与河南洛阳、辽阳汉墓壁画所示亦多一席，或东西二席对坐，皆未铺满全室，可见席不是一般房屋的模数，与日本的“叠数”不同。至于古代席坐之法，有跽坐、盘足坐、箕踞坐三种，而以跽坐为最敬。由于跽坐易于疲倦，故老年人往往凭几而坐。几的形状二种，其一为长方形，见[illegible]蔡侯墓出土品（见北京历史博物馆）。另一种为半圆形，下具三足，称曲几，见四川[illegible]，隋代[illegible]实物已毁。

图3－1 刘敦桢回复张良皋信件手迹

（图片来源：杨永生编《建筑百家书信集》）

1975年张先生从武汉市建筑设计院退休，被返聘到武汉市二轻工业局设计室任总建筑师。这个时期，政治空气逐渐解冻，思想解放思潮开始涌动。该时期张先生设计的归元寺云集斋素菜馆，在轴线对称布局的基础上，建筑外立面开始采用中国传统民族建筑符号，如马头墙、透窗、装饰性额枋和斗拱等，建筑语言变得灵活多样，呈现向民族传统回归的倾向。虽然该时期张先生没有留下理论总结性文字，但从设计作品中可以感受到其设计思想的嬗变，经过武汉市建筑设计院25年设计实践和工作磨炼，张先生设计思想经受了实践理性的检验，从而趋向更加承接“地气”，更加贴近中国国情和地域传统文化的方向发展。

3.1.3 执教时期

（1）80年代

1982年，受原华中工学院（现华中科技大学）老院长朱九思的特邀和聘请，协助创办该校建筑系。由于创系业务需要，该时期张先生与原中央大学时期的老师、同学之间的联系增多。他曾与童鹤龄先生一起拜访过杨廷宝、童寯等前辈，请教办学方针、教学计划等事宜。交谈之间，童寯先生提出了

“建筑要讲理！‘理’包括物理、生理、心理、伦理”①，这是业师的口谕，也是童寯先生晚年的学术箴言。随后“建筑四理”的思想便成为张先生景观建筑思想的航标，甚至成为张先生的“座右铭”。童寯先生是张先生敬重的恩师之一，新中国成立以后，张先生一直与他保持联系，经常向他请教学术问题。1977 年，张先生借东游黄山之机赴南京拜访童寯先生，专门携《江南园林志》向童先生请教风景园林问题，该书扉页有童寯先生签字。1980 年，张先生还与童寯先生通信联系，专门请教“席居制”的问题，童寯先生回信提出了自己的见解（图 3－2）。

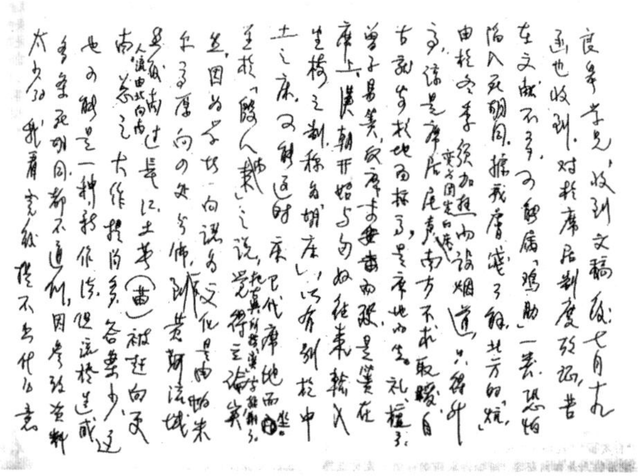

图 3－2　童寯回复张良皋信件手迹

（图片来源：杨永生编《建筑百家书信集》）

张先生初到华工任教时期，主讲《中国建筑史》，这为他外出考察古建筑提供了方便，而中国古代建筑保留较为集中、比较完整的是古典园林建筑，中国古典园林类别繁多，如皇家园林、文人园林、宗教寺观园林、陵寝园林，其中宗教寺观园林和陵寝园林一般都处于山水胜景之中。故而张先生这期间考察的虽名为古建筑，实则是对古代景观建筑的考察。1985 年 8 月他

① 张良皋．建筑必须讲理——书《建筑辞谢玩家》后［J］．高等建筑教育，2009（04）：1－6.

带领建筑学83级学生对北京周边的园林建筑进行考察。笔者记得，考察带队老师本来是张先生和童鹤龄教授，考察第一站是承德，当时张先生有事，暂由当时张先生的助教即笔者领队，首先把童鹤龄教授从天津大学接到承德。承德是一座中国皇家园林的博物馆，除了大家熟知的承德避暑山庄外，外八庙相当于中国国土景观的微缩版本。每游一庙，童先生都对该处园林建筑的历史渊源、设计风格等进行如数家珍式的详细讲述，这使学生们获益良多。1979年，童先生曾带领天津大学的师生对承德的景观建筑进行了系统的测绘，这也奠定了天津大学风景园林学在全国的学科地位。童先生与张先生是无话不谈的同窗契友，两人的学术思想相互影响，交集很深。此次活动的后半段，张先生接棒带领学生考察了北京市内的皇家园林以及郊区的明清寝陵景观建筑群。除了承德避暑山庄和北京周边的皇家园林及陵寝园林外，张先生还考察了武当山古建筑群、嵩山中岳庙、恒山悬空寺、五台山佛光寺等景观建筑，这些建筑在山水环境中的选址布局给张先生留下了深刻的印象，促发了他宏观控驭思想的萌芽。1985年，他发表《秦都与楚都》一文，阐述了秦宫和楚宫在营建过程中利用轴线进行宏观控驭的方法①。

到华工执教的前10年里，除了结合建筑史教学的古建筑考察和理论研究之外，张先生并未停止设计实践活动。这期间他亲自设计了汉阳县侏儒文化宫、李白纪念馆、蕲春李时珍医院、安徽口子酒厂办公楼等项目。其中汉阳县侏儒文化宫处于城镇建成环境中，空间逼仄，功能复杂，但他却能审曲面势，利用有限的地形条件，围合出一个“凸凹有致”的庭院空间，并把自然要素引入庭院形成园林景观，在满足文化宫各种功能要求的同时，营造出温馨的邻里氛围，这体现了他“纳须弥于芥子”的精湛技艺。该项目连获汉阳县、湖北省的一等奖和国家级佳作奖（图3-3）。李白纪念馆是他的西方古典主义“中国式改良”设计手法的延续。建筑选址讲究因山就势，与自然环境和谐统一；建筑造型采用中国传统的重檐庑殿样式，布局追求中轴对称，体现了博大、端严、肃穆的盛唐气象。

① 张良皋．秦都与楚都［J］．新建筑，1985（03）：60-65.

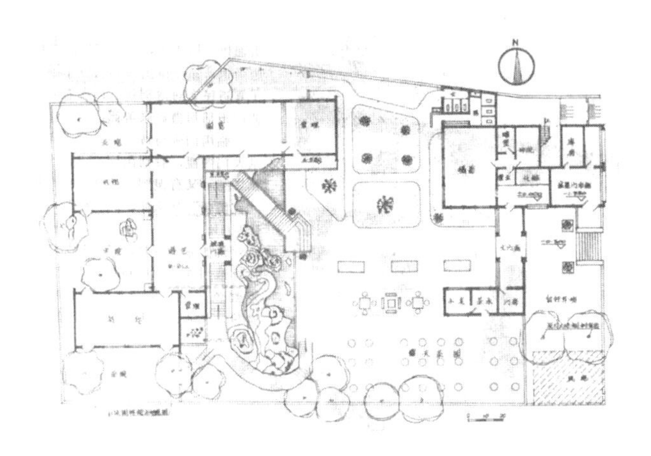

图3-3 侏儒文化宫总平面图

（图片来源：叶自国《集镇小秀——侏儒文化宫》）

1989年张先生中央大学的同班学友黄兰谷教授赍志而没，黄先生所主持翻译的《建成环境的意义》还未及完成。张先生秉承黄先生的遗愿对此书进行校对，但黄先生留下的仅是初稿，其实张先生是在重新翻译的基础上，以校对之名促成该书出版面世的。书中的观点引发了张先生对现代建成环境的思考，对其景观建筑思想有很大启发。拉卜普特（Amos Rapoport）研究的重点是建筑环境的非语言表达，在该书再版的“跋”中拉氏将建筑环境的非语言表达的意义分为三个层次：最高层次意义表达宇宙观、文化图式、宗教信仰、哲学观等；中等层次的意义表达身份、地位、财富和权力；低层次的意义表达不同文化语境中的行为方式和社会规范①。高层次的意义表达主要采用象征主义手法，即黑格尔（Georg Wilhelm Friedrich Hegel）《美学》中所说的艺术发展的三个阶段之一，也是艺术的三种表现形式之一②。这是人类发展初级阶段建筑表现的主要手法，但是张先生却“化腐朽为神奇”，用该手法诠释场地的历史文化，并成为其宏观设计思想表达的常用手法。低层次的

---

① 拉普卜特．建成环境的意义［M］．黄兰谷，译．北京：中国建筑工业出版社，2003：179-180.

② 黑格尔．美学（第一卷）［M］．朱光潜，译．北京：商务印书馆，1979：94-97.

意义表达在现代建成环境中最为普遍，通过环境中的文化脉络为使用者提示某种场所角色，使用者按照社会习俗对场所角色的规定性而采取行动。拉氏的这种思想促使张先生对现代建筑环境伦理进行思考，受此启发他写了《中国建筑与中国人的行为规范》一文，阐述了中国古代礼制建筑通过其形制和空间序列的设计对人行为规范的塑造作用。

（2）90年代

1990年，张先生与童鹤龄、陈纲伦、李晓峰、张京南诸位老师一起，带领一批学生对武当山的古建筑进行了一个多月的考察、测绘，从而对武当山寺观园林建筑形态、结构以及与地形之间的关系有了更为深刻的了解。结合西方古典建筑中轴线控制理论和拉普卜特所阐述的象征主义表达方法，他开始重估风水学的价值，在1995年《九省通衢的宏观设计》一文中明确提出了宏观控驭思想，并对武汉市空间结构和城市形象进行宏观设计探索①。1997年，在《园林城郭济双美》一文中他以汉唐时期皇家园林为例又一次阐述了宏观设计思想②。

由于青少年时期鄂西的生活经历，在讲授《中国建筑史》的过程中，他不由自主地把干栏式建筑作为中国建筑史的一个研究专题对待，为本科生和研究生开设“干栏式建筑专题讲座”。20世纪90年代初，他申请的研究课题“鄂西土家族、苗族建筑的研究、保护和利用”和“中国干栏建筑综合研究”获得国家自然科学基金支持，这时期他大部分研究活动也是围绕干栏建筑而展开。1991年11月，他走访了咸丰苗族木工龙世强师傅，了解吊脚楼的传统匠作工艺；1993年7—8月间，应中央大学老同学郑光复先生之邀，陪同江苏美术出版社《老房子》系列丛书的编辑和摄影师朱成梁、卢浩、李玉祥一行，带领研究生张文彤又一次深入武陵土家族地区考察干栏建筑；1995年3月26日至4月30日带领研究生陈智、朱馥艺及江苏美术出版社摄影师李

① 张良皋．九省通衢的宏观设计——论武汉历史文化名城的“纂”与“创”［J］．武汉文博，1995（03）：37－40.

② 张良皋．园林城郭济双美——谈中国城市园林的宏观设计［J］．规划师，1997（01）：53－55.

玉祥，奔赴黔东南、桂北、湘西南考察干栏建筑，途经贵州的雷山、榕江、从江、黎平，桂北的三江、龙胜，湖南的通道等地，这次考察使他对西南地区少数民族的干栏建筑有了全面的了解。这期间他发表干栏建筑研究的论文12篇，在这些文章中，他总结了干栏建筑的结构、形态、形制类别、景观建筑小品等，并总结出武陵山地干栏聚落的几种街巷格局：天街、岸街、雨街和桥街，从中揭示了土家族的栖居经验和生存智慧。

（3）2000年以后

2000年以后，张先生的学术活动转向理论总结。2001年出版的《武陵土家》一书对武陵地区干栏聚落的分布、保护现状进行了调研统计，并对武陵地区其他类型的景观建筑进行了梳理归类，如祠堂、寺观、学校、会馆、城池和关卡等。从武陵地区的乡土景观建筑中他发现了建筑对地形环境产生的“完型”效果，这些感悟拓展了他对传统风水学理论的认识，形成了他点景、补缺、束脉、塞隘的景观建筑环境美学思想，该思想被他写入2002年出版的《匠学七说》一书。此书是他多年讲授中国建筑史的思想成果总结，虽然该书并非以景观建筑为题，但大部分内容都与景观建筑有关。“四说风水”一章从环境科学、环境美学的角度总结了中国古代风水学的一些设计思想，并将宏观设计和建筑伦理思想纳入风水学的范畴；“五说朝市”一章进一步阐释了中国古代城市布局与山河风土的联系；“六说班倕”一章从历史的角度阐述了景观建筑师必须具备的大匠通才素质，并提出了“建筑七美”的思想，在此文中他认为建筑美的最高境界是“和谐”。

2002年以后，张先生的研究转入巴楚文化领域。除了著书立说之外，2007年至2009年间，张先生还参与了一些有关大型公共建筑的学术争鸣活动，最有代表性的便是对“国家歌剧院”“央视总部大楼”等这些国家形象工程的学术讨论。2009年，他发表《建筑辞谢玩家》《建筑必须讲理》两文阐述建筑师恪守职业道德的重要性，认为遵守职业伦理是建筑师的底线，这与其同门学长吴良镛先生的观点遥相策应，他们站在捍卫传统建筑文化的立场，呼吁中国建筑师应该树立民族自信，坚守民族建筑的优秀传统，让建筑回归理性。

2000年以后，由于张先生年事已高，设计实践活动主要以带领学生创作的方式进行。万敏教授作为张先生的开山弟子，他主持的一些大型景观项目自然成为张先生“推广”其学说的“实验”样本，如2010年由万敏和汪原二位教授主持的思南县新城城市设计和竹山县郭山歌坛设计，以及后来的张家界澧水风貌带城市设计，即是在张先生宏观设计思想指导下完成的。设计作品以武陵地区乃至巴域的宏观山水格局为立足建构景观总体框架，在景观轴线和节点上演绎巴域的悠久历史。这种构思布局凝练了地理环境中自然和人文两方面的精华，体现了张先生“宏观控驭”思想。这个时期万敏教授主持的腾龙洞大门设计也是在张先生的亲自指导下完成的，体现了张先生把庙堂建筑文化与地域乡土建筑语言融合的倾向。建筑主体结构采用石牌坊造型，顶部结构融入鄂西干栏建筑“板凳挑”的形式，建筑表面藻饰以云水、鸟兽、游龙图案，一方面点化腾龙洞的主题，同时也隐喻“龙飞凤舞”的巴楚浪漫文化。这些设计案例虽然均非张先生亲自动手，但其中的设计立意都凝聚了张先生的智慧和心血。

建筑学是张良皋先生的主业，对建筑学的思考和研究贯穿于他人生的整个过程。景观建筑作为建筑的一种特殊类型，张先生在该领域的探索也从未停止，其景观建筑学术思想是在理论和实践的相互印证与检验中逐渐升华形成的，经历了从感性到知性、从知性到理性的发展过程，同时又受到时代背景、学术风气的浸染。得益于自身的文化修养，张先生设计的大多数建筑均渗透了丰富的文化内涵，都有景观建筑的特点，说他是一位名副其实的景观建筑大师实非过誉。

3.2 张良皋景观建筑理论思想解读

90年代后期，张先生业已跨过古稀之年，因而他将慕名而来的项目交由弟子们打理，他则把主要精力转入理论研究领域。自1990年至2015年去世之前的20多年理论研究中，他潜心笃志、心织笔耕，在景观建筑理论领域提出了不少独特见解，其中武当山道观园林建筑、鄂西干栏建筑及其聚落环境、《红楼梦》大观园复原三项研究成果最有影响。

3.2.1 武当山道观园林建筑价值发掘

武当山拥有中国规模最大的道观园林建筑群，也是现存保留最为完好的明代皇家园林，其中蕴含了丰富的宗教园林建筑设计思想和精华，是研究中国传统景观建筑思想的一座富矿。

（1）武当山道观园林建筑遗产价值之发掘

张先生很早就对武当山道观园林建筑产生了兴趣，多次对武当山道观园林建筑进行考察、测绘、采访、考证。据其日记记载，自1980年第一次登临到2008年之间的考察活动就有18次之多。1980年8月，受十堰有关方面邀请，张先生第二次到武当山考察，在十八盘顶发现“仙关”摩崖，考证为绍兴庚辰题刻（1160年），把武当山实物纪年提前了129年。1990年，张先生带领李晓峰及一批师生，对遇真宫等古建筑进行了为期一个多月的实地测绘，为1994年武当山入选世界文化遗产提供了宝贵的一手资料。该宫曾于2003年失火烧毁，张先生带领的团队提供的测绘图，便成为该宫修复重建的重要依据。2006年由他主编、地图出版社出版的《武当山古建筑》一书，便汇集了上述测绘研究成果。张先生对武当山整体遗产价值提出了如下观点：“时间跨度大、空间广袤、类别齐全、技术先进、文化内涵丰富。”① 时间久远性指武当山建筑群具有悠久的历史，经历唐、宋、元、明、清五个朝代逐渐完善成熟；空间的广袤性指建筑群规模宏大，与北京、南京、凤阳一起被称为明代四大建筑工程之一，具有皇家园林的性质；建筑品类齐全指建筑的型制品类繁多，包括宫、观、祠、庵、庙、窟、坊、坛、台等多种类型；构造技术的先进性指在武当山古建筑中，砖、石、琉璃已被广泛运用，这体现了建筑技术上的节点意义；文化内涵丰富性主要指武当山是道教文化和巴文化的发源地。对于武当山古建筑整体的科学艺术水平，张先生认为：“武当山古建筑之出现，代表中国建筑文艺复兴之伟大成果。”② 论及其在中国宗教遗存中的地位，张先生把武当山称作道教的朝圣中心，并将其与伊斯兰教的

① 张良皋．张良皋文集［M］．武汉：华中科技大学出版社，2014：118.
② 张良皋．张良皋文集［M］．武汉：华中科技大学出版社，2014：129.

麦加、基督教的耶路撒冷作类比。

1994年联合国教科文组织世界遗产委员会根据遗产遴选标准①②⑥批准武当山古建筑群为世界文化遗产[①]。比较张先生和世界遗产委员会对武当山古建筑的评价，张先生提出的“时间跨度大、空间广袤、类别齐全、技术先进、文化内涵丰富”的观点强有力地支撑了世界遗产委员会对武当山的第①条评价，即杰出性，它代表了近一千年来中国艺术和建筑的最高标准；张先生对武当山土木金石共用建造技术的评价，与世界遗产委员会的第②条评价标准相呼应，即在一定时期或某一区域内，对建筑技术、城镇规划或景观设计的发展产生重大影响；张先生把武当山当作道教的朝圣中心，与伊斯兰教之麦加、基督教之耶路撒冷相类比，则与世界遗产委员会第⑥条评价标准相契合，即武当山古建筑群与具有突出普遍意义的事件或传统观点、信仰、文学艺术有直接的关联，对该地区的信仰和哲学思想的发展起到了深远的作用。

（2）武当山道观园林建筑“宏观控驭”思想发现

张先生除了揭示武当山道观园林建筑的规模等级、结构技术在建筑史乃至在文化史上的节点意义之外，关键是从风景园林的视角发现了武当山古建筑群布局中蕴含的“宏观控驭”思想。经张先生考证，武当山建筑群的选址布局由王敏、陈羽鹏二位风水师规划主持，整体布局是以天柱峰金殿为中心，以官道和古神道为轴线向四周辐射，北至响水河旁石牌坊80公里，南至盐池河佑圣观25公里，西至白浪黑龙庙50公里，东至界山寺35公里。从均州到玄岳门70里官道，过玄岳门到金顶60里神道，沿线布置的宫观号称9宫8观36庵72岩庙，这些建筑莫不依山就势、因地赋形，虽然变化万千，但是给人的感觉又是脉络连属、主次有序、一气呵成，且按照皇权和道教的典章规制赋予建筑以人伦的等级秩序，形成了“定一尊于天庭”的效果。

张先生对武当山的研究不仅为武当山古建筑群列入《世界文化遗产名录》做出了重大贡献，也为中国建筑史、中国风景园林史增添了独特的

---

① “联合国教科文组织世界遗产中心”官方网站．武当山［EB/OL］．1996. http：//whc. unesco. org/.

内涵。

3.2.2 武陵干栏知识体系建构

对武陵干栏建筑的研究是张先生打造的一块学术高地，他以此为基础建构的干栏知识体系是其学术思想中最系统、最透彻的部分，此前还没有哪位学者对西南地区的干栏建筑进行过如此深入的研究，并达到如此的高度。如果对张先生的干栏建筑知识体系进行归纳，大致分为六部分内容（表3－1），下面仅对其中景观建筑之思想内涵进行解读。

表3－1 张良皋干栏建筑知识体系

空间模式	街巷格局	形制	干栏演化轨迹	公共景观	遗产发掘
桃源模式 悬圃模式 地盖模式	天街 岸街 雨街 桥街	一字屋 钥匙头 三合水 四合水 两进一抱厅 四合五天井	傣族干栏— 侗族—瑶、 壮族—苗族— 土家族— 北方窑院	庄屋、鼓楼、 廊桥、井亭、 群仓制、 群栏制、 群厕制、 筒车、水枧	宣恩彭家寨与庆阳坝

（资料来源：作者整理）

（1）街巷特色发掘

张先生从武陵干栏聚落研究中总结出了四种富有特色的街道空间类型：天街、岸街、雨街、桥街。“天街”就是建在山坡上的街市，街道与两侧的房屋沿地形逐级升高，街道像竖立起来一样。该类街道现在武陵地区尚有个别遗存，如石柱县的西界沱、湖南洗车河的坡子街、咸丰的马河坝、秀山石堤等。“岸街”是指沿河堤江岸开辟的与江河岸线平行的街道。为了节约土地资源，拓展街道空间，临河一面都建吊脚楼，吊脚楼与地形结合产生的立面和空间，使江岸的视觉效果更加生动多姿①，典型案例如酉阳龚滩和龙潭（图3－4）、利川的老屋基、长阳资丘镇、湖南吉首的凤凰等。“雨街”也称凉亭街，由出

① 张良皋．武陵土家［M］．北京：三联书店，2001：47.

挑的屋檐构成，土家族地区多雨，故而铺面挑檐深远，出挑的屋檐既可为顾客遮风挡雨，也可延扩店铺的营业空间。张先生认为由于匠作传承体系不同，不同地域有不同出檐形式，来凤以南多用“双层挑枋”，向外挑出“两步架”，咸丰一带则发展了一种“板凳挑”，使挑出的两步架的传力更为合理。“桥街”是土家族市镇的一种独特的公共空间形式，土家族地区与西南少数民族常以桥为市，赶场甚至称为赶桥。张先生总结出桥街有两种形式，一种是岩穴溶蚀形成的天生桥，另一种是风雨廊桥的形式，人们不但可以在这里遮风避雨、纳凉聊天、交流生产经验，也可以在这里进行商业交易。

图 3-4　龚滩的岸街

（图片来源：作者拍摄）

张先生认为干栏式聚落的这些空间形式是由干栏建筑与地形在互动关系中产生的，根植于当地的地理环境和气候条件，是自然选择和人们不断试错的结果，从现代生态学的角度看，干栏建筑不但节约了土地资源，同时具有通风散热的功能，并具有泄洪减灾的作用。张先生指出吊脚楼“不但是具有认识价值的活化石，而且是有生命力的生态建筑”①。

（2）公共景观建筑认知

在干栏式聚落中除承载居住功能的住宅建筑以外，还有大量形式生动

① 张良皋. 武陵土家［M］. 北京：三联书店，2001：88.

的公共景观建筑，这些景观建筑是聚落的有机组成部分，是连接生活的节点或者联系不同空间的纽带，同时也反映了当地的耕植制度、社会习俗和宗教信仰。张先生在鄂、湘、川、黔四省的干栏建筑调研中，发现很多有价值的公共景观建筑类型，如贵州侗族干栏聚落中的“庄屋制”“筒车水枧”“群栏制”“群仓制”“群厕制”等，这些建筑反映了与生产相关的一种土地经营管理制度①。“廊桥”和“井亭”则与生活习俗相关。张先生认为这些文化景观建筑根植于当地的自然环境，与特殊的生产方式相结合，都有其内在的功能价值。如群仓制出于防火的考虑，每家的粮仓都设置在村外的地点，即使不幸发生火灾，村民也不用为没有粮食而发愁；群厕制是把厕所都建在村外池塘边，这体现了当地居民的生态环保意识，人粪入塘比入河更科学、更卫生，不至于污染下游水源，新鲜人粪可以作为鱼食，具有循环农业的意义；群栏制是把牛集中起来喂养，相比散养有很多好处，便于保持村内环境卫生，集中看护有利于防盗；建在村外具有景观价值的“筒车”和“水枧”则体现了为公益服务的协作精神；井亭极富人情味，提醒人们珍惜水源，并加以覆盖保护，不失饮水思源之美德，而且不吝于施舍——在井亭上挂有许多浇筒，便于行人饮用，类似现代城市环境中的公共饮水站。上述张先生提出的思想观点，有不少是前人未有阐述的，足见张先生思想的开拓性。

3.2.3 《红楼梦》大观园复原思想

“逃红”在“文革”期间是一种时代现象，也是张良皋先生从事本职工作以外与“白学”研究齐名的业余爱好。在当时提倡“又红又专”的政治背景下，张先生白天搞专业，晚上研读白学、红学，也称得上是“又红又专”。这种业余爱好在政治风气解冻后成为他的一个研究领域，并取得了丰硕的成果。2009 年，张先生出版《曹雪芹佚诗辨》一书，公开发表有关红学的论文 9 篇，其中 1992 年发表于《建筑师》杂志上的《〈红楼梦〉大观园匠人图样复原研究》一文，反映了他对宫廷园林空间布局和建筑特征的理解与认识，

① 张良皋．张良皋文集［M］．武汉：华中科技大学出版社，2014：84－94.

通过这篇文章可以一窥其景观建筑思想。

（1）大观园的功能分区与布局

全文分为九个部分，分别探讨了大观园的规模、地块形状、功能分区、大门朝向、水系和水景建筑、殿堂馆舍布置、元妃巡行路线、诸家对大观园的评述、结论。其中功能分区、殿堂馆舍布置和水景建筑三部分与景观建筑联系最为密切。根据张先生的理解与考证，皇家园林和宫廷园林一般分为四个功能区：礼仪区、馆舍区、幽静区和后勤区。礼仪区在园子南部，居中轴线的位置，以人工建筑景观为主；馆舍区围绕礼仪区布置，是自然要素和人工要素相间的区域；幽静区一般在园子的外围，以自然绿化要素为主；后勤区一般隐藏于园子外围角落的位置①。张先生借用“真、行、草”三种书体形象地概括了三个主要功能区的建筑特点，这个总结体现了张先生对园林建筑敏锐的洞察力（图3－5）。

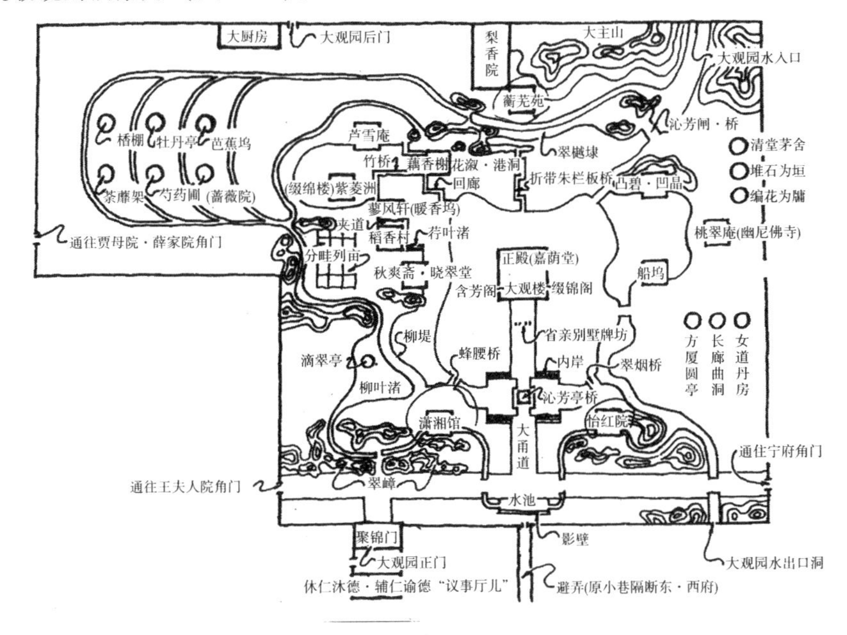

图3－5　大观园平面布局图

（图片来源：《张良皋文集》）

① 张良皋．红楼梦大观园匠人图样复原研究［J］．建筑师，1999（02）：90－104.

在张先生的大观园复原图中，礼仪区居于园区中央中轴线偏南的位置，周边有“C”字形“瘦西湖”式的水系环绕，馆舍区居于“瘦西湖”环形水系的西面，幽静区则处于环形水系的东侧，后勤区位于地块西北角的“刀把”上，这与1979年戴志强先生发表在《建筑师》上的《谈〈红楼梦〉中大观园花园》一文中描述的布局比较接近。戴文对大观园布局的推测唯一与张先生不同的是，戴先生认为园中有一大湖，礼仪区位于湖的北岸，张先生认为这绝非皇家园林的格局，如此元春省亲的大部分礼仪将难以展开，且不符合“关防”的要求。张先生也认为大观园中有湖存在，只不过湖面被一个大岛几乎“塞满”，变成了环形水系“瘦西湖”，而礼仪建筑安排在这个大岛之上，不但气象庄严，并且利于“关防”。1979年葛真先生在《大观园平面研究》中对大观园园区布局的推测与戴先生有很大的不同，他认为大观园中没有湖，却没想到有“瘦西湖”的存在，但他有两处发现与张先生的观点不谋而合。其一是大观园的大门不直通大街，而是由荣府大门进入后东折才进入大观园大门的；其二他认为礼仪区不在园子北部紧靠主山的位置。1980年徐恭时先生在《芳园应锡大观名——〈红楼梦〉大观园新语》一文中关于礼仪区的位置提出了与张先生相似的观点，即大观园中有“瘦西湖”式的环形水系存在，他也认为礼仪区不在园子北部紧靠主山的位置，这一论点与张先生“英雄所见略同”，其他馆舍区的布置与戴先生、张先生的观点都比较接近。张先生还有一个重大的发现是大观园的地块形状不是方形而是“刀把形”。徐文的主要失算是把大观园大门直接摆在中轴线上，而不是经过西南角的荣府。张先生从礼制的角度推测大观园布局显示出其敏锐的洞察力，他以礼仪建筑为中心思考园林“真、行、草”三环式布局，反映了他作为建筑师的职业特点，也体现了他对中国古典园林布局规律的深刻认识。

（2）大观园园林建筑的特点

张先生引用日本园林“真、行、草”的造园手法，形象地描述了大观园园林建筑分布的特点。张先生推测大观园中礼仪区正殿不仅坐落于园中间的大岛之上，且呈现“楷书”的特点。正殿为两进院落，沿中轴线布置，后为寝殿，前为戏楼，两厢配殿，围成四合院。戏楼下是穿堂，上面是戏台，后堂前有月台，贾府女眷看戏时用（图3－6）。礼仪区外围是馆舍区，花木、山石、水体等自然要素增加。馆舍区内建筑体量变小，布局也较为自由，如蘅芜院、藕香榭、蓼风轩、芦雪庵、稻香村、潇湘馆、怡红院都沿园中水系外围布置，仅从景点名字便可感受到其建筑氛围。张先生说藕香榭、蓼风轩、芦雪庵一带近似一个水上植物园，稻香村附近有苗圃菜畦，所以馆舍区的建筑具有“行书”特点。馆舍区的外围为幽静区，以自然要素为主，基本上没有建筑或是后勤区域，视觉形式接近“草书”的特点。另外，由于在大观园中，礼仪区和馆舍区由环形水系隔开，故而还有一些水景建筑在礼仪区与馆舍区中间起到联系的作用。张先生对这些建筑的位置和形态做过专门考证，如花溆的板桥、沁芳桥、沁芳亭、沁芳闸、翠烟桥、蜂腰桥等。除了礼仪区的位置以外，张先生对馆舍区建筑分布地点的考证与戴志强先生的观点也基本吻合，葛真先生对馆舍区分布的认识则与张先生略有出入，他把“三春”的住处摆到了园子的东面，与稻香村脱离了关系，这不能不说是功能考虑上的失误。由此可见，张先生对大观园的解读，不但从家族伦理的角度去思考，同时兼顾功能的合理性，他甚至推测曹雪芹在《红楼梦》中采用隐喻的手法，以怡红院、潇湘馆、蘅芜院的三角布局隐喻贾宝玉、林黛玉、薛宝钗之间的三角恋爱关系。透过张先生对大观园的推考，我们可以看出他对园林建筑的理解和认识，他认为园林建筑格局应与园区的功能相协调，馆舍区建筑应与自然环境相协调，强调其点景功能，突出园区的画意和诗境。这些思想反映了他建筑师的职业特点，也显示了他对红学以及中国传统礼制文化的独特见解。

由于张先生对《红楼梦》大观园的深入研究，在建筑界张先生成为名副其实的红学专家。2004年，其同门学长吴良镛先生在南京红楼梦博物馆设计中，有关花园中楝亭位置的安排便采纳了张先生的建议①。红楼梦博物馆建在原江宁织造府旧址上，楝亭作为江宁织造府西园最著名的建筑，其亭址应

① 都荧．织造遗韵楝亭歌——楝亭设计回眸［J］．建筑与文化，2014（03）：138－140.

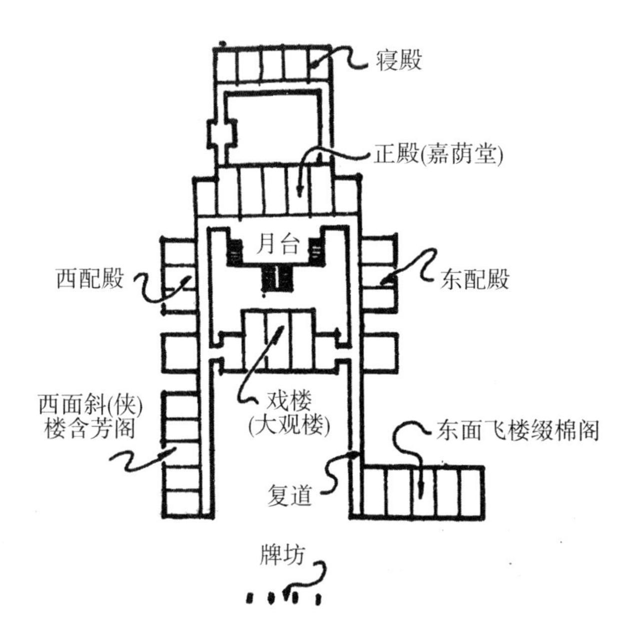

图3-6　大观园礼仪区建筑平面图

（图片来源：《张良皋文集》）

处于突出的位置，而初步方案中则被安置于一层庭院内一角，张先生认为楝亭如此重要应置于园林的制高点上："如同江南三大名楼，多据高地而俯瞰四周；又如镇江金山寺与《晴峦萧寺图》中也多是将塔、楼等建筑置于山高处。"① 吴先生采纳了张先生的建议，这一方面体现了吴先生从善如流、虚怀若谷的大家风度，另一方面也反映出张先生对红学研究之精湛。

3.3　张良皋景观建筑设计案例思想分析

张先生的景观建筑设计实践活动可以划分为两个时期，一是新中国成立后设计院工作阶段，包括20世纪五六十年代以武汉市建筑设计院为依托的设计实践，及70年代后期至80年代初期以武汉轻工院为依托的设计实践；二是执教后以指导学生为主的设计活动。设计院工作时期他亲力亲为，劳心

① 吴良镛．吴良镛选集［M］．北京：清华大学出版社，2011：53.

劳力；后期他则借助学生，同时也是为培养学生，故而劳心而不劳力。景观建筑方面的设计作品以解放公园苏联空军烈士纪念碑设计、洪山无影塔搬迁选址设计、归元寺云集斋素菜馆设计、安陆李白纪念馆设计、思南新城城市设计、竹山县郭山歌坛设计、九江琵琶亭景区设计为代表，下面对这些作品进行分析解读，以窥探张先生景观建筑设计思想的精髓。

3.3.1 解放公园苏联空军烈士纪念碑设计

苏联空军志愿队烈士墓是为纪念二战期间支援中国人民抗战而英勇献身的14位苏联空军志愿队烈士而建的。该墓原在中山大道陈怀民路万国公墓，1956年迁至解放公园内，并建立纪念碑。解放公园前身为英、法、俄、德、日、比六国洋商跑马场，民间俗称西商跑马场。最早的风格为西方规则式园林格局，1952年随着余树勋先生设计的“武汉第一苗圃”的建成而被改造成公园；1972年开挖了八角回廊水系，布局逐渐由西方规则式转向中式自然主义风格。苏联空军志愿队烈士墓的设计工作启动于1955年，由当时的武汉市建筑设计院总建筑师黄康宇先生负责整体设计，张良皋先生负责施工图设计。

公园整体布局采用古典主义手法，利用轴点连心式结构控驭全局。主轴线自东向西横贯整个公园，两条辅轴分别自东北和西北方与主轴相交于公园中间的圆形广场，纪念碑和烈士墓便位于东北—西南向辅轴线之东北部尾端。牌楼、纪念碑、墓台、纪念坛沿该轴线布置，营造出连续的空间序列（图3－7）。纪念碑采用方尖碑的形式，造型简洁有力，像一把利剑直插云霄。碑体正面镌刻有“苏联空军志愿队烈士墓”字样，下部以绶带、花环和锦旗浮雕做腰饰，底部为方形底座。碑前由开阔草坪形成通视走廊，草坪和甬道两侧密植圆柏，形成强烈的夹景效果，把人的视线引向纪念碑主体，纪念碑后的纪念坛高高的台基成为衬景（图3－8）。由于当时经费紧张，纪念碑后的纪念坛未能建成，张先生后来回忆起此事时说，这不能不是一个遗憾，纪念坛是整体设计的一部分，不是可有可无之物，是整体景观的压轴戏，缺了它有虎头蛇尾之感（图3－9）。从作品的设计手法看，这件作品是黄先生和张先生俩同门师兄弟合力而为的布扎式景观建筑，反映了他们对西方古典主义建筑思想的精通、理解和认识。轴点连心式手法是西方古典主义建筑精髓，是营构空间序列的重要手段，它可把繁杂的内容组织在一起，形成统一的秩序。2019 年 10 月该碑被国务院核定为第八批全国重点文物保护单位。

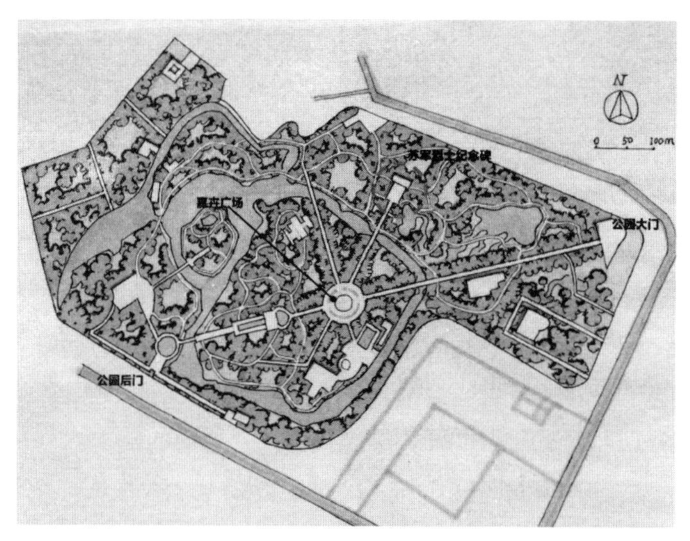

图 3－7　解放公园平面图

（图片来源：作者绘）

图 3－8　苏联空军烈士纪念碑正面

（图片来源：作者拍摄）

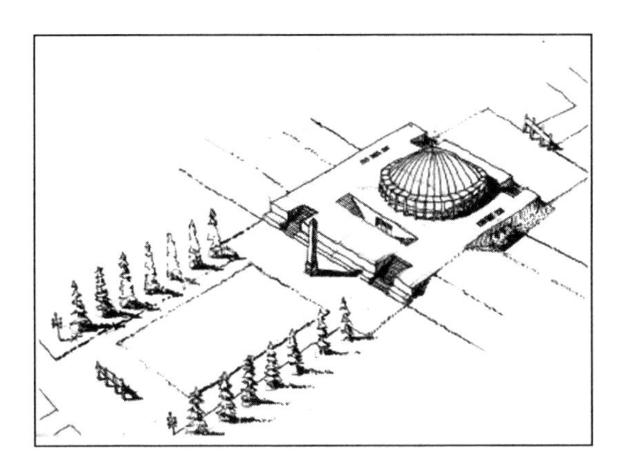

图3－9 苏联空军烈士纪念碑与纪念坛方案

（图片来源：张良皋绘）

这次实践是张先生辅助其中央大学高四届的师兄黄康宇先生所作，黄先生是具有深厚古典主义功底的建筑师，这从其后他所主持的武汉十大建筑中的武汉展览馆、武汉音乐厅等建筑的设计手法和风格中即可窥知。张先生遵从了黄先生的意愿，由此也对轴线的“宏观控驭”效果有深切感悟，故而该作品的轴线控制手法也可认为是其后期的“宏观控驭”思想之发端。

3.3.2 洪山无影塔搬迁设计

无影塔始建于南宋咸淳六年，是为铭记南宋抗元历史而建，也是武汉市现存最古老的景观建筑。该塔原置于中南民族学院（现中南民族大学）食堂对面的煤堆里，因该校扩建，故而搬迁。原主管部门领导计划把无影塔安置于洪山宝塔下面，张先生实地考察后，觉得大塔之下安置性质完全不同的小塔，不符合古代规制，也会产生视觉冲突。经他向上级主管领导陈明利害，最后他的意见被采纳。无影塔的搬迁地址由原定的洪山宝塔下改为施洋烈士墓西头，形成以施洋烈士墓为中心，洪山宝塔和无影塔在东西两侧呼应的格局，同时规避了两地标之间互抢镜头的局面，达到了视觉配合和布局均衡的效果。

无影塔选址思想体现了张先生对中国传统文化的理解和活用。西方古典主义建筑构图讲究中轴线绝对对称，而张先生的无影塔选址则根据场地限制条件，变对称为均衡和对景，使场景布局更加灵活、生动。如此处理，既尊重了洪山宝塔原场地的宗教功能，又赋予场地以游憩、纪念性的功能。另外，他采取的每一块砖石逐一编号的搬迁方法，体现了其对历史园林建筑修旧如旧的遗产保护思想，与奈良会议中有关技术信息真实的精神相吻合①。

3.3.3 归元寺云集斋素菜馆设计

归元寺云集斋素菜馆原名归元寺外宾接待馆，于1980年落成，是张先生从武汉市建筑设计院退休后受聘于武汉二轻工业局设计室时的景观建筑作品。云集斋位于汉阳区归元寺的东南隅，前身系民国年间重建的供僧人居士居住生活的南云水寮房，1953年由寺院28名僧人开办素食餐馆再度重建，1980年扩建为归元寺外宾接待馆，张先生主持了该项目的设计。

从场地条件来看充满着复杂性和矛盾性。归元寺的历史建筑群原址坐西朝东，体现了楚文化的崇东意识，而城市路网构成的城市基底则呈东北西南走向，归元寺后期的扩建规划则完全顺应了城市道路网格，导致扩建地块边界与归元寺原址地块的东西向主轴线呈45°夹角（图3－10）。虽然后期的配建建筑力图调和建筑原址与周边地形环境之间的矛盾，但毕竟是亡羊补牢之举。我们的城市规划过分屈从功能而不尊重历史文脉，这是那个时代的通病。

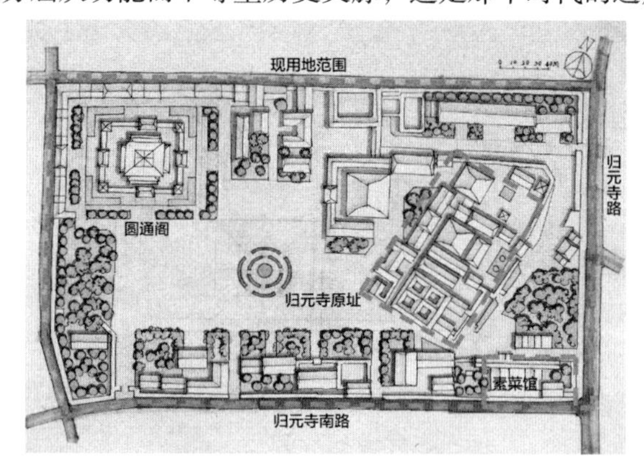

图3－10　归元寺鸟瞰图

（图片来源：作者绘）

① 曹昌智，邱跃．历史文化名城名镇名村和传统村落保护法律法规文件选编［M］．北京：中国建筑工业出版社，2015：393－394.

张先生的景观建筑设计正是为这尴尬的历史错误“圆场”。为了照顾建成环境的既成事实，云集斋坐东南朝西北，并顺应城市路网布置。建筑平面呈矩形，长轴与地块南面的归元寺南路平行，短轴顺应地块东面的归元寺路方向（图 3 – 11）。为了与归元寺古建筑相呼应，其主体建筑由一组东南—西北走向的天井院构成，建筑山面面向归元寺大门（图 3 – 12）。山墙采用富有地域特色的马头墙造型，前后两个檐面的檐口部位作椽头、额枋、抱头梁等装饰。为了配合拱卫寺院建筑的主体地位（图 3 – 13），建筑采用山面开门，用一个小巧而生动的垂花门式抱厦作入口（图 3 – 14）；另外，主体建筑山墙下部采用的单面廊和徽派花墙对归元寺大门空间形成围合，同时对出入归元寺的人流提供导向暗示。整组建筑文静素雅，默默地陪衬着归元寺主体。这体现了张先生作为建筑师“甘为配角”的职业道德。张先生经常说，谁都可以“张牙舞爪”地设计一些不伦不类的地标作品，但不是谁都能做到“能屈能伸”地甘当配角，当好配角是建筑师职业道德的反映，这需要建筑师有更高的文化素养。他非常欣赏贝聿铭设计的华盛顿国家美术馆东馆，该馆默默地配合着周边的历史建筑，甘当配角而不张扬。归元寺素菜馆正是张先生甘当配角而与历史建筑和谐相处的一个佳例。

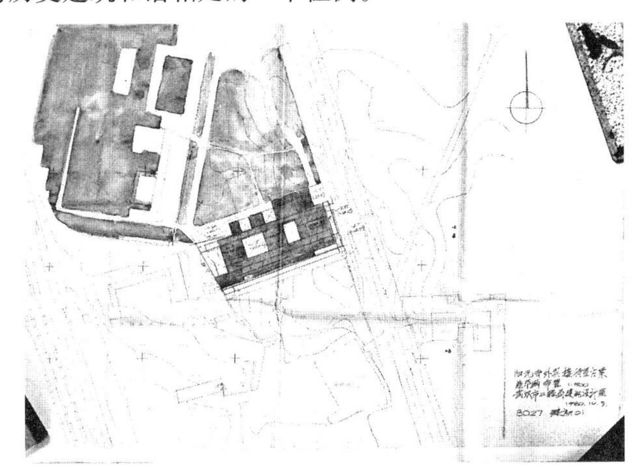

图 3 – 11　素菜馆（原归元寺外宾接待馆）场地总平面图

（图片来源：张良皋绘）

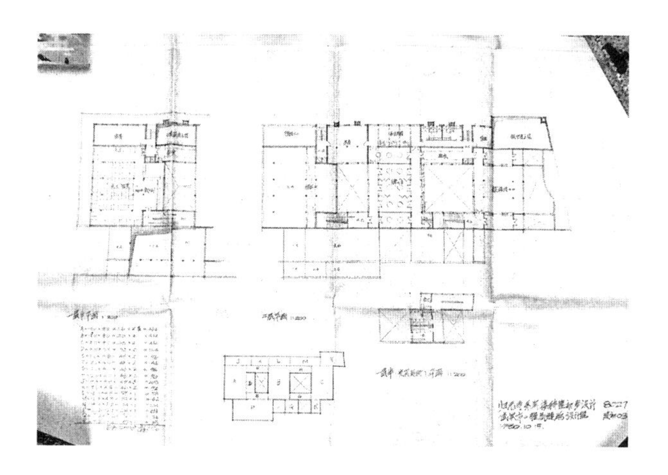

图 3－12 素菜馆（原归元寺外宾接待馆）各层平面图

（图片来源：张良皋绘）

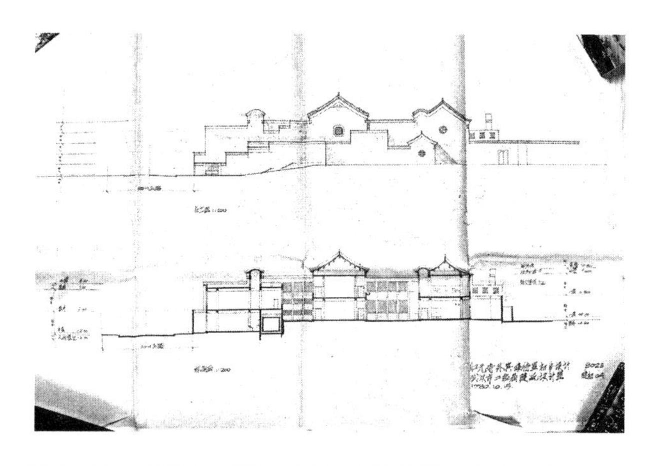

图 3－13 素菜馆（原归元寺外宾接待馆）北立面和剖面图

（图片来源：张良皋绘）

图 3－14　素菜馆（原归元寺外宾接待馆）北立面

（图片来源：作者拍摄）

3.3.4　安陆李白纪念馆设计

1984 年 12 月，安陆县第十届人大做出建立李白纪念馆和恢复李白遗址遗迹的决议。武汉市建筑设计院承接了该设计项目，张先生是该项目的总设计师，该院丁永园总建筑师是项目负责人。项目的选址、建设倡议、方案均由张先生策划把控。要知道，张先生在“文革”的知识“荒漠”时期，精研李白、白居易的诗文，故而张先生当时便是省内饶有名气的“白学”专家，且声名不亚于后来的“红学”专家之名。李白纪念馆的设计便是其“白学”功底的反映。

纪念馆结合地形条件布置，背靠大凹山，东面涢水，西揖白兆，北望寿山，南屏云梦，形成藏风聚气的风水格局。建筑群采用中轴对称的形式，门楼、太白堂、展厅等主体建筑沿轴线布置，突出场地的纪念功能（图 3－15）。主体建筑太白堂位于轴线尾端，采用重檐庑殿式仿唐建筑造型，屋面坡度为 1∶2，出檐 3.2 米，屋角采用起翘形式，正脊两端采用鸱尾造型。正面檐廊七开间，厅堂占五开间。侧面五开间，厅堂占三开间。建筑整体造型气宇轩昂，端严肃穆，显示了雄浑博大的盛唐气象（图 3－16）。主体建筑两侧由抄手游廊围合成一庭院，游廊内陈设历代碑刻作为碑廊。为了突出传统园林建筑的特点，主体庭院两侧增加了两个跨院，主体建筑后设有后院，以单面游廊的形式曲折围合。庭院内杂植花木、开凿池沼、罗列庭石等园林要素活跃庭院气氛，并布置游亭、水榭作为景观小品完善游憩功能。庭院内的景观与庭院后面大凹山的自然风景要素形成呼应，故而李白纪念馆虽名为一处纪念性建筑，实为集宣传、教育、游憩等功能于一体的古典园林作品（图3-17）。可以看出这个时期张先生的景观建筑设计思想更趋成熟，国学要素在景观建筑中得到熟练运用，达到了“随心所欲而不逾矩”的境界。

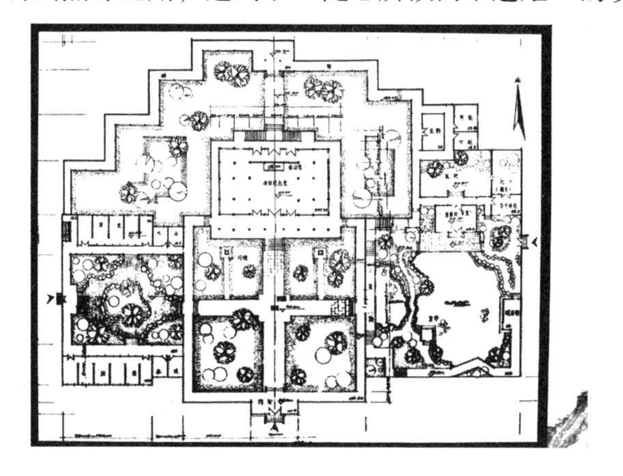

图3-15　安陆李白纪念馆总平面图

（图片来源：安陆市李白纪念馆提供）

图3-16　安陆李白纪念馆主体建筑太白堂正面

（图片来源：安陆市李白纪念馆提供）

图 3－17　李白纪念馆鸟瞰图

（图片来源：安陆市李白纪念馆王青提供）

3.3.5　思南新城城市设计

20 世纪 90 年代以后，张先生年事已高，不宜亲临设计一线，其设计主要以“顶层设计”的方式指导学生进行，其设计思想也主要体现在其弟子们的设计作品中。万敏教授作为张先生的开山弟子，他的不少项目便是在张先生设计思想的引导下完成的。2010 年由万敏教授及张先生的另一位嫡传弟子汪原教授联合承揽的思南新城城市设计即为其中一例①。

思南城位于贵州省铜仁境内，西靠凤凰山，东临乌江，乌江东岸的万胜山、大山与凤凰山犄角之势，思南即坐落于凤凰山和乌江之间的层级台地上。当地居民以土家族、仡佬族为主，其文化属巴文化的脉系（图 3－18）。新城规划以凤凰山为靠山，以凤凰山上的观山庙为基点向南发轴，指向距新城 42 公里外的土家族圣山——梵净山，由此建立城市东西向主轴线（图 3－19），该轴也与巴楚先民的崇东意识一致；从滨江地形的层级肌理中整理出三级带状台地，营构昆仑神话中的“悬圃”意境（图 3－20）；台地的陡峭

① 万敏，汪原，赵军. 从地理“发现”中寻求土家新城构建的理性［J］. 华中建筑，2011（04）：113－118.

地带划为生态敏感区域，平坦的地段则为城市生活、交通、游憩空间，力求做到地尽其用；在三级台地和东西主轴线交会节点部位，开辟具有城市阳台和窗口意义的文化广场，设置以板凳挑、火燎和甲骨文等为元素的构筑物，深度演绎了巴域悠久的历史文化；沿主轴线两侧安排吊脚楼建筑群，构筑具有巴域建筑特色的“天街”意象；滨江防洪水位线以上形成“岸街”。而“岸街”和“天街”又是张先生干栏聚落研究时发现的两种典型的街巷空间类型，“悬圃”则是干栏聚落两种典型的外部环境之一，“板凳挑”是干栏建筑的独特构造技术。在张先生巴楚文化研究中，火燎是巴楚族神祝融的象征，甲骨文为巴人所首创，所以说，这种构思布局荟萃了张先生干栏建筑和巴楚文化的研究成果，凝练了地理环境中自然和人文两方面的精华，既体现了对宏观地理格局的认知，也反映了对地域悠久历史文化的解读，完美地诠释了中国古代天人合一的哲学理念（图3－21）。

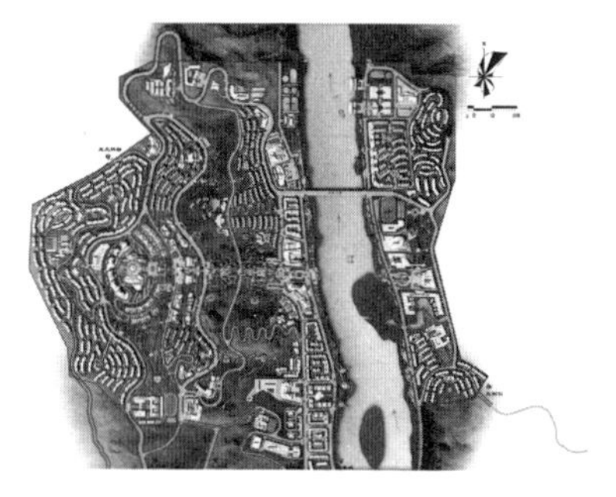

图3－18　思南县新城总平面图

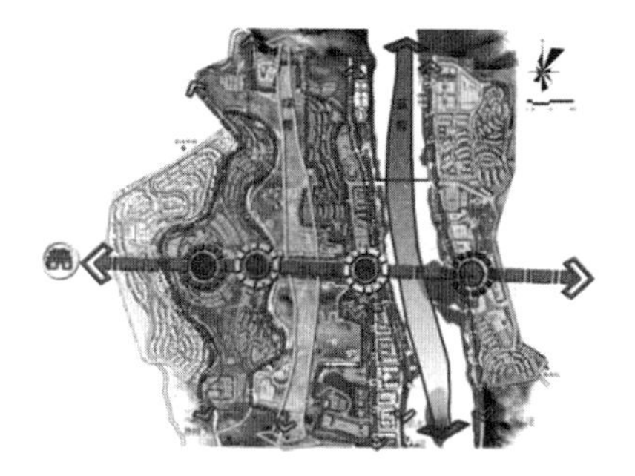

图3－19　思南新城轴线

（图片来源：赵军绘）

图3－20　思南新城立面中的天街和悬圃意象

（图片来源：李在明绘）

图 3－21 思南新城三维模型

（图片来源：李在明绘）

该项目由万敏教授和汪原教授共同主持，请张先生做过多次指导，从设计效果看，他的宏观设计思想已由学生继承并发扬光大。虽然项目规划设计中贯穿引用了轴线、干栏建筑、风水、地域文化等内涵，但该设计最为鲜明的特色还是其表现出的局地建筑与自然在大尺度空间上寻找关系的“宏观控驭”思想。一条42公里长的轴线指向土家族的圣地梵净山，成为蕴含巴人崇东文化的多义轴线。虽然站在轴线上，你的肉眼无法通视，但是正如张先生所言，你心中有无该山，反映的却是一个设计师的思想境界问题，“宏观控驭”思想在此显露无遗。

3.3.6 竹山县郭山歌坛设计

2010年，万敏教授设计的另一件作品——竹山县郭山歌坛（图3－22），也得益于张先生的宏观设计思想的启悟①。张先生认为竹山县是庸国的首都上庸古城所在地，庸国作为巴师八国之首又是古代巴域文化的中心。张先生认为，土家文化是巴文化的源头，巴文化是楚文化的基础，楚文化是汉文化的前身②，而祝融则被文化界公认为巴楚文化的先祖。据史籍记载，祝融在

① 万敏．广场工程景观设计理论与实践［M］．武汉：华中科技大学出版社，2017：187－198.

② 张良皋．巴史别观［M］．北京：中国建筑工业出版社，2006：33.

上古（帝喾高辛）时为掌管火源的“火正”，所以火神就是巴人和楚人的图腾和族神。经张先生考证，后天八卦也为庸国人所创造，“乾、坤、艮、震、巽、离、兑、坎”八个方向对应庸国周边的地理环境和人事关系。竹山歌坛的设计即以该历史情节为脚本，以设置于山顶象征火神的火燎为核心，以八卦为母题建立八边形歌坛，根据后天八卦中“指事”的八个方位，由此整理出相应的八条轴线，由广场中心的火燎顺应山脊向四周辐射，与周边的山水格局以及庸国古代历史发生关联（图3－23）。轴线与广场边界交接处形成景观节点，环列庸国相应方位的标志性文明成果和人文精华。这种大手笔的设计，既与庸国的山河胜概发生联系，又回应了遥远的人类文明，体现了“观古今于须臾，抚四海于一瞬”的宏观设计思想。这与吴良镛先生倡导的“地景”学的观点相应和①，同时也与清华大学杨锐教授所主张的“境其地”思想有些类似②，即通过景观建筑“点化”大地肌理和历史的脉络，使具有天地人合一思想意义之“境”整体地“涌现”出来（图3－24）。而张先生的宏观设计思想无疑具有“先行者”的意义。

图3－22　郭山歌坛总平面图（李在明绘）

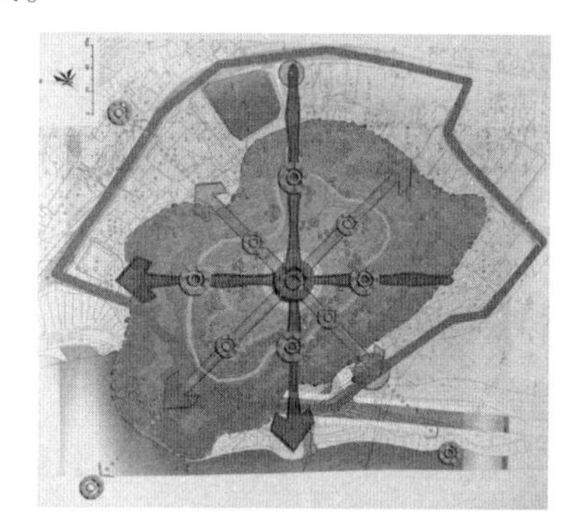

图3－23　郭山歌坛景观轴线（吴狄绘）

（图片来源：郭山歌坛设计文本）

① 吴良镛．关于园林学重组与专业教育的思考［J］．中国园林，2010（01）：27－33.

② 杨锐．论“境”与“境其地”［J］．中国园林，2014（06）：5－11.

图 3－24 郭山歌坛鸟瞰图

（图片来源：李在明绘）

3.3.7 九江琵琶亭景区设计

九江琵琶亭景区是万敏教授在张先生宏观设计思想引领下完成的另一件设计作品①。景区位于九江市沿江东段，受长江大堤与滨江东路的南北夹峙而呈狭长状的三角形，场地内原有一东西向狭长湖泊，湖泊西北角有琵琶亭，其内陈列历代文人题咏的碑刻，虽为新中国成立后所建，但已具有文物的性质，不宜推倒重来。琵琶亭正南的湖面中有一尊白居易雕像，是原景区的标志性景观。在课题组召开的研讨会中，受邀指导的张先生马上联想到了琵琶，并脱口背出白居易的“琵琶行”，这让在场的师生钦佩不已，也在同学们中间激发出一股背诵白诗的热潮。

① 万敏．琵琶心旅——九江琵琶亭景区创作有感［J］．南方建筑，2011（03）：92－94.

图 3-25　琵琶亭景区总平面图

（图片来源：琵琶亭景区规划文本，李在明绘）

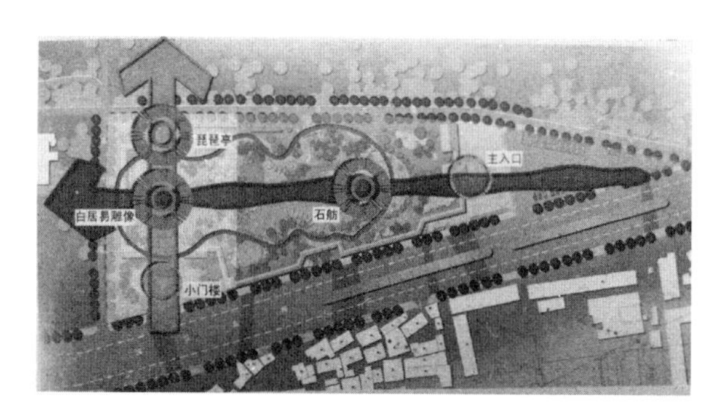

图 3-26　琵琶亭景区轴线图

（图片来源：琵琶亭景区规划文本，李岳川绘）

图 3-27　琵琶亭景区鸟瞰图

（图片来源：琵琶亭景区规划文本，毛小琪绘）

为了营造“浔阳江头夜送客”的意境，设计团队在湖泊的东端设计了一座带有琵琶帆的石舫，与湖西的白居易雕像和东面的大门形成了横贯园区的东西向轴线，该轴线与琵琶亭、白居易雕像和小门楼形成的南北向中轴线在白居易雕像处相交（图3－25，图3－26，图3－27）。按理说，设计方案到此业已化解场地的不利因素，在平衡甲乙双方意图的立场上实现了“高水平的折中”，但其后续过程却出人意料。城市主管部门受形象工程惯性思维的影响，要求将琵琶“做强做大”，并与200米外的长江大桥一道成为九江外滩地标景观。如此“大手笔”的琵琶虽然令人心存疑虑，但受张先生的启迪，设计团队调整心态，把琵琶改为100米高的观光塔楼形式，并与200米外的九江大桥形成关联对比。虽然最后该方案因政府官员换届而刹车，但毕竟是宏观设计思想的又一次尝试。宏观设计不是理想国中的“坐而论道”，而是要接受各种场地条件的约束，要面对各种现实矛盾的挑战，要实现这个目标，必须拥有丰富的知识储备，恰如古人所说“博观约取，厚积薄发”，如此，面对不同的客户需求才能做到量体裁衣，对症下药。

此外，张先生晚年主持和参与的景观建筑设计作品还有张家界澧水风貌带城市设计、腾龙洞大门设计、赤壁大战博物馆设计、汉阳县侏儒文化宫设计、竹山太极城保护、白云台设计等，这里不再一一剖析解读。从上述作品中大概可以理出张先生景观建筑设计思想的脉络和特征。20世纪五六十年代的作品如解放公园苏联空军烈士纪念碑设计、洪山无影塔搬迁设计大体呈现了一种反刍西方古典主义包括苏联建筑思想的倾向；70年代后期至80年代早期的作品，如汉阳县侏儒文化宫设计、归元寺云集斋素菜馆设计、安陆李白纪念馆设计则呈现了建筑国学内涵与景观建筑相结合的特点，更加注重与建成环境和自然环境之间的协调关系；20世纪90年代以后带领学生设计的一批作品，如思南新城城市设计、竹山县郭山歌坛、九江琵琶亭景区设计，以宏观的山川格局为参照定位景观轴线，演绎历史文化，则体现了他的“宏观设计”思想。

3.4　张良皋景观建筑思想总结

通过前文对张先生景观建筑理论的解读和景观建筑设计作品的分析，本着钩玄提要、萃取精华的原则，笔者认为可用“通、驭、理、和”四个字对张先生的景观建筑思想予以概括。下面以此为纲对张先生上述景观建筑思想进行阐述。

3.4.1　“通”的思想观

“通”取义于张先生常说的“大匠通才”，张先生认为“大匠”源出希腊文的archi，即“首领”，tect谓“匠人”，architect正是英译“大匠”之意①。张先生将包括城乡规划、风景园林在内的大建筑学叫“匠学”，“大匠”故而又有大师、优秀而成熟的规划设计师之意。20世纪80年代香港建筑师李允鉌写了一本《华夏意匠》，张先生读后感触良多，从此对其中之“意匠”非常关注，也促使他以匠学为题材对所感、所悟撰写而成《匠学七说》，先是以文章的形式在《新建筑》杂志上连续刊载，后结集成书。

大匠之所以为大匠，贵在“通才”，其核心又在“通”。张先生认为，“通”首先是一种职业需要。在《匠学七说》“六说班倕”一章中，他考证古代司营建造的官职及职责范围，建筑事务通常由司空、司徒、工部尚书这些官职和部门掌管，除了负责营房造屋以外，还包括城市规划、开垦农田、兴修水利、建造防御工事、修路造桥、营建礼乐设施等，若不通晓上述诸专业是无法胜任的。另外，张先生又在此书和《大匠之学和大匠之路》一文中考释了历史上许多著名建筑师的专业背景，如蒋少游、阎立德、李诫、蒯祥、庆宽等在历史上都负责过一些大型的宫廷建筑设计，他们个个多才多艺，且精通书画艺术。一些园林建筑师如倪瓒、计成、石涛、米万钟、张涟、张然、李渔等，既擅长造园，又精通绘画。故而张先生认为，“通”是建筑职业对“匠师”素质提出的“通才”要求。这也是笔者将“通”作为高度概括张先生“大匠通才”思想的原因。

---

① 张良皋．重新认识匠学，回归中华本位［J］．新建筑，2004（01）：7.

张先生也是以“通才”标准要求自己的。他一生勤学好思，可以说是博闻强记。历史典故一般很少难住张先生，故而在没有百度的时代，张先生常被师生们当作“搜索引擎”，学生们不懂的诗词典故、建筑理论等经常会请教张先生，故而张先生在学生心目中素有“活百科全书”之称。张先生自己的人生经历也形象地说明了“通”这一点。幼年的启蒙教育打下国学基础；中学时精通数学与几何；中央大学时期接受了布扎建筑教育体系的科班训练；新中国成立后又接受过苏联建筑思想的熏陶；又红又专的年代，“逃红学白”，同时练就了“红白”两学功底；进入华中科技大学执教后，他并没有“吃老本”，而是与时俱进，努力“充电”①，保证知识体系不断推陈出新。该阶段除了精研建筑设计理论、建筑历史理论外，他还涉足文化人类学领域，探究巴楚文化地理，并利用出国交流考察的机会，吸收学习了诸多现代派建筑设计理念和方法。故而李保峰教授形容他的知识结构是“博古通今、学贯中西”②。

在张先生从事的理论研究和指导的一些设计案例上，也体现了“通”的思想。《红楼梦》大观园复原的研究体现了张先生对历史建筑和伦理学方面的“通”。他以文学为素材，从伦理学的视角考察大观园的景观建筑布局，其中涉及对红学的精通、诗文的彻悟、造园意境的理解、古建筑的谙熟等。如果没有上述“通才”条件，无论如何也产生不了这样的奇思妙想。万敏教授主持的思南新城城市设计也是张先生“通才”的思想结晶，在对思南山水格局、地形肌理和历史文化深度研读的基础上，他综合了生态、文脉、功能诸多设计要素，荟萃了建筑、地理、服饰、古文字、图腾、纹饰等综合知识，融合了符号学、象征、隐喻多种设计语言，演绎了思南的悠久历史和山水文化。这种熔自然人文精华于一炉的设计手法必然建立在对地理学、地形学、生态学、文化人类学、民俗学、古文字学等多学科知识的融会贯通的基础上。竹山县郭山歌坛设计是万敏教授在张先生“通才”思想指导下打造的

① 张良皋．巴史别观［M］．北京：中国建筑工业出版社，2006：317.
② 李保峰．悼念张良皋先生［J］．新建筑，2015（03）：133.

又一个力作。作品中运用了伏羲八卦、女娲补天、祝融火燎、庸王钟、灵山十巫、干栏等众多传统文化元素符号对应庸国方隅和不同方位的文明成果，反映了张先生对华夏神话、文化人类学、人文地理学、堪舆学、谱牒学、巫文化、符号学等各学科知识的“通”。

“通”同时也是张先生的一种教育理念。他不但以“通”的专业素质要求自己，也以“通才”的标准培养学生。在华科执教阶段，除了讲授专业知识理论以外，张先生还经常开设“诗词讲座”“红学讲座”等第二课堂，为工科背景的建筑学生补充文史知识营养。这使他的弟子们练就了文理兼修、文武全才的本领，在各自的专业岗位上都能独当一面。“班门无捷径，大匠贵通才”这句话也时常成为他对青年学子的勉励、寄托与希望，万敏教授的公子万之源在考入清华大学美术学院学习景观设计专业之时，他也是书写了这么一段话予以勉励（图 3－28）。

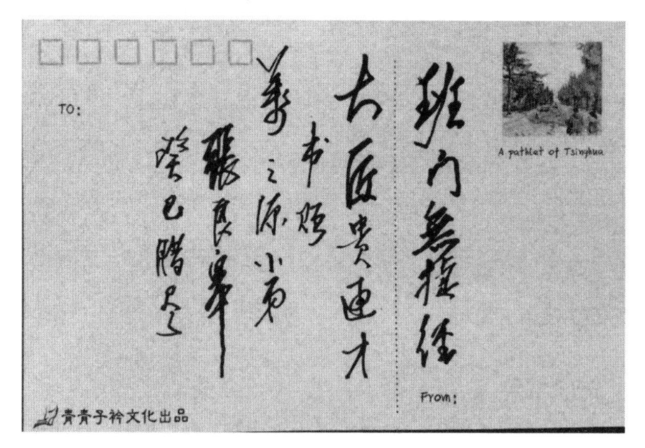

图 3－28　张良皋为万之源题词

（图片来源：万敏提供）

3.4.2　“驭”的思想观

“驭”取义于张先生在讨论建筑设计之时常溢于言表的一个词，即“宏观控驭”，当然张先生用得更多且论述更多的是“宏观设计”，在非正式场合，张先生更喜欢用“大手笔”“Macroscale”来表达。“宏观控驭”关键在

“控驭”二字，而其中更为生动睿智的则为“驭”，所谓“驭”即控制、统御的意思，这也是张先生最有心得且可反映其大师气度的思想。其思想内涵主要指景观建筑设计要与宏观的天体现象和地理格局发生联系，将建筑作为自然结构的有机整体；轴线是实现宏观设计的抓手，他擅用轴线统御全局，控制整体的空间秩序。

在2002年出版的《匠学七说》“四说风水”一章中，他对宏观设计的价值和意义进行了描述：“风水观念要求建筑物之间互相望见，建立视觉联系，形成空间节奏，这历来是中国建筑常用的手法，有时距离超远，视力望而无及，也要造成确切无疑的感觉，现代人毫不犹豫地以尺度之划分将之列入‘规划’，但在中国古人心中，这仍是设计，这种大手笔章法，我无以名之，曾姑称为‘宏观设计’。”① 从不同时期的文献中可以清晰地发现张先生对“宏观设计”思想形成的脉络。

“驭”的思想首先体现为张先生对中国传统建筑设计思想的理解，他也认为这是中国古代建筑的一大显著特色。他在1984年写的《论楚宫在中国建筑史上的地位》一文中发现了秦都咸阳的宏观设计手法，咸阳周边的景观建筑如信宫、太极庙、阿房宫、甘泉殿统一沿以秦直道为基干的南北轴线布置②。他在1986年发表的《秦都与楚都》一文中再次强调秦都规划布局的大手笔。根据《史记》和《三辅黄图》中的信息考证，秦都的南北轴线，北起九原，南至终南山，长1800余里；东西轴线，西起汧水，东至上朐境内，长达2000多里。这两根轴线不仅是都城的骨干，而且可以北控匈奴，东制六国，是控驭宇内的政治工具③。在1997年发表的《园林城郭济双美》一文中，张先生把目光回溯至秦汉时期的自然园林和唐以前的宫廷园林，指出其宏观的规模和因山成林的设计手法是中国园林艺术的正源，江南的私家园林只是中国园林发展某一个阶段、某一种类型的特征，不能代表中国园林的全

---

① 张良皋. 匠学七说［M］. 北京：中国建筑工业出版社，2002：125.

② 张良皋. 论楚宫在中国建筑史上的地位［J］. 华中建筑，1984（01）：67-75.

③ 张良皋. 秦都与楚都［J］. 新建筑，1985（03）：60-75.

部，这从根本上纠正了人们对中国园林“小家子气”的误解①。1992年张先生在《大匠之学与大匠之路》一文中总结出“宏观控驭”是中国匠学的一大特色，中国古代匠师的职责不仅是营房造屋，还是“辨方正位，体国经野”的大事业②；在1995年发表的《九省通衢的宏观设计》一文中，张先生指出了宏观设计在现代城市设计中的意义，并以此构拟了武汉市的宏观设计愿景。从张先生对“宏观设计”的演化轨迹可以看出，他认为宏观设计是中国古代建筑的优秀传统，这也是他对中国古代建筑理论研究的一种认识和成果。

其次，张先生结合其深厚的国学背景，把建筑设计思想与天文、地理甚至风水学理论结合起来，这也是他“驭”思想的一种表现。首先他认为建筑设计应与天体现象发生视觉联系。他经常说“顺天应人”“象天法地”，即是此理。他认为在方位明确的建筑中，容易感知时间、辨别方向，并且能规避气候的不利因素，预知季节物候的更替。张先生考证了很多历史案例，他发现历代皇宫都采用正南正北向布置，皇宫正中御道也取子午线方向，宫门和城门在南北轴线相互照应，国之枢轴和天之枢轴合二为一，作为一种经验法则，从西汉长安开始沿袭至明清。这种布局方法除了有辨方正位的优点以外，对于宫廷与庙堂建筑还有象征和比德作用，方位不正，无以比德“君权天授”之正大光明气象。古代皇帝以天子自居，端正的布局可以宣示象征皇帝的尊严和地位，以此威慑民心，巩固其统治秩序。这也是拉卜普特所说的建筑高层次意义的非语言表达的一种方式。张先生说，英国的白金汉宫方位不正，给人的感觉“很不正派”。其次，张先生把建筑设计发散到地理学领域，他认为建筑设计应该建立在对地理信息了解的基础之上，根据地形肌理提供的条件和契机采取对应的策略，使建筑成为大地景观，与山河胜概发生同构关系。他常说，“辨方正位，体国经野”，宏观设计是对整个国家国土资

---

① 张良皋．园林城郭济双美——谈中国城市园林的宏观设计［J］．规划师，1997（01）：53－55.

② 张良皋．大匠通才与大匠之路——纪念戴念慈先生［J］．建筑师，1992（05）：13－20.

源的规划，中国历史上很多都城选址都与大的地理格局有某种关联，如秦、汉、唐的都城对应南部的子午谷，周、隋时期的洛阳对应南面的伊阙，东晋建康对应南面的牛首山。另外，张先生认为中国风水学也包含有宏观设计思想，宏观设计思想和风水学一脉相通，中国很多景观建筑便是由风水师规划设计的，这些案例主要集中在都城的选址、皇家陵寝园林建筑与宗教园林建筑的规划布局当中，其中较为著名的案例如楚都鄢郢、鄀郢、纪郢的选址，明代十三陵的规划，武当山道教建筑的布局都与宏观的地理格局存在着紧密的联系。表面上看是地形顺应了建筑，实则是建筑顺应了地形，地形启发了设计师、风水师的灵机。

另外，张先生把“宏观控驭”作为景观建筑设计的一种工具。在对古代宏观设计的案例研究中，张先生发现不管是“象天”还是“法地”，轴线都是最有力的抓手和工具。秦都咸阳的轴线，纵横千里，经天纬地。与中国建筑格局的大手笔相比，巴黎卢浮宫的东西轴线不过500米，只能算是袖珍型、迷你型轴线。他在中央大学读书时就领教了布扎建筑的“轴线定位”这独门利器，但是在他执教之后，重新研读《中国建筑史》的过程中发现轴线定位法并非欧洲人的专利，中国才是轴线定位法的宗源地。中国的轴线规模更为宏大，几乎与子午线同构，可以用表征山河、引喻日月来形容。在历史的发展演进过程中，东西方对轴线控制法的认知逐渐趋同，轴线控制成为人类共同的环境营建模式，甚至是人类先验心理结构中“集体无意识”的一种表现。但张先生以融贯中西的学术功底对其进行提炼升华，所以张先生的“宏观控驭”思想是其建筑国学与西方古典主义建筑思想耦合的结果。

张先生在不同尺度的设计实践中常巧用“宏观控驭”来掌控全局。在实际项目中，并不见得所有的场地规模都很宏大，有的只是城市街区中的一隅，但是张先生却能够“小中见大，微中见驭”，以咫尺而现万里之势。由他和同门师兄黄康宇先生合作的解放公园设计便是一例。公园以三条斜交的轴线作为景观大道，使公园形成三级道路系统，弥补了主流线上的游客追求高效交通的不便，增强了公园空间的向心力和凝聚力，同时又产生了强烈的视觉扩张感，给人以超出实际规模的错觉。由于三条轴线以斜交而非正交的方式组织，与公园自然主义风格的基底达成了和解；轴线对应地形边界上几个极点布置，控制了更多的外围空间。万敏教授在张先生指导下完成的思南新城城市设计则是一个“宏中见驭”的设计案例。设计方案中的东西轴线长达42千米，西起城市制高点的观山庙，东指土家族的圣山梵净山。这条轴线并不是凭着设计师的想象力主观臆造出来的，而是从思南城宏观的山水格局中提取出来的。因为在山地城市中，人工建筑物的尺度永远超不过山岳，依据山水格局确定城市框架是一种明智的选择，它为后续的城市发展定下了基调和弹性发展空间，把人工要素和自然背景纳入了统一的秩序。故而“驭”是张先生景观建筑设计及理论思想的精华。

3.4.3 “理”的思想观

张先生有句著名的思想论断就是“建筑要讲理”，这个“理”包罗很广，包括物理、生理、心理、伦理、地理、情理、哲理等。由于该思想脱胎于其业师童寯先生晚年发表的学术遗言之“建筑四理”，即“物理、生理、心理、伦理”，张先生作为童寯先生的授业弟子，为尊重老师亦称“建筑四理”。这里之“四”明显还有更多的意味，张先生在不同的场合会选用不同的“四理”组合来说明问题。

引发张先生大声疾呼“建筑要讲理”的导火索是2000年围绕安德鲁（Paul Andreu）所做的中国大剧院“大水泡”方案，由吴良镛院士牵头“公车上书”，与吴良镛有同样学术背景且为大学同学的张先生积极响应，并口诛笔伐，深度参与其中。之后，随着更为奇怪的央视大楼的出现，张先生的“建筑要讲理”之调门也调到了最高，几乎在每一适当的场所，张先生均要大声呐喊“建筑要讲理”。在2000年至2012年这十余年时间中，关于张先生的这一思想论断，在华中科技大学学习与工作的师生，都是耳濡目染感受过张先生的疾愤以及作为建筑斗士的激情的。直至2012年习近平主席宣布以后中国将不再搞此类奇奇怪怪的建筑以后，张先生方如释重负，胜利完成了这道浅而易见的、由基本道理组成的命题。张先生由此而对习近平主席充满感情，从不趋炎附势的他由衷说出：“我开始喜欢上我们的习近平主席了。”中国建筑界迸发出“建筑要讲理”之声终于“洞达天听”，使这一基本道理回归寻常。张先生的“理”的思想并非是该次大论战中产生的，而是经过布扎严格训练，国学文化熏陶，外加基本思维判断，还有其骨子里的专业精神，21世纪初的迸发只是一根导火索，一种不讲理的建筑将中国大地变成了一个实验场，这诱发了其骨子里的理性。建筑要讲理之核心在“理”，故笔者用“理”来概括张先生这一思想行为。而在众多“理”中，张先生尤为擅长并喜爱的则为伦理和地理。

张先生对建筑伦理的思想观点首先体现在对古代礼制建筑的认识和理解。古人把建筑作为轨物范世的礼制容器看待，建筑是成人伦、助教化的工具。设计师根据典章制度的规定设计其形制和空间，不同的建筑形制和空间对应不同身份地位和社会角色，在这种环境里生活的人，自然就形成一套行为规范。历代帝王深谙此道，王朝创建之初都要大兴土木，通过建筑树立帝王的尊崇与威严，并欲以此为工具教化臣民遵守礼仪。在张先生看来，《礼记》中所定的礼仪几乎全依据建筑规范，看似一套繁文缛节，人身处这样的环境中，会被训练得服服帖帖①。礼仪是伦理关系的外显形式，是身份地位的象征，是等级秩序的保障。张先生对大观园复原的研究即是从封建社会的建筑伦理入手推测其中礼仪区的位置的，因为大观园是为元春省亲所建的，故有皇家园林的性质，礼仪区是标准配置，而在中国古代的伦理观念中，中间的位置象征着最高的社会地位和等级。《吕氏春秋》有“古之王者，择天下之中而立国，择国之中而立宫，择宫之中而立庙”的古训，张先生正是基于此理推断出礼仪区位于大观园中轴线的湖中大岛上，其余各区则是根据所用之人及功能依序而建。

现代社会伦理价值观是民主、平等、自由等，这相对于封建社会的等级伦理是一种进步。故对于民间业主来说，要照顾左邻右舍的利益关切，不得以势压人，按照平等互利、互相尊重的原则处理邻里空间关系。这种伦理精神的实质是基于环境效益均享所达成的心理默契，是一种隐形的社会契约或曰伦理关系。为了限制个人的私欲膨胀，伦理意识也被写进一些城市规划和

① 张良皋．中国建筑与中国人的行为模式［J］．新建筑，1993（03）：50－51.

建筑法律规范中，如中国的建筑规范中后退红线的要求，西方也有关于“光污染”“声干扰”“门面权”“通路权”等相关法规。除了城市法规的约束以外，对于建筑师来说，还应该遵守职业伦理道德。2009 年张先生在《高等建筑教育》上发表《建筑必须讲理》一文，阐述了现代建筑师应该遵循的建筑伦理。张先生认为设计师应尊重前人的业绩，有义务为高明的前辈建筑师做配角，甚至为已建成的建筑圆场，使蹩脚的作品在自己的新构图中获得新生。张良皋设计的归元寺云集斋便体现了这种甘当配角的伦理思想，建筑的布局朝向、形态装饰都是为衬托主体建筑服务的。在武当山道观园林建筑研究中，他注意到中国古代建筑师在建筑伦理方面比较自律。武当山道观园林历经唐、宋、明、清几个朝代建成，但是建筑整体布局非常协调统一，像是一气呵成的作品，这反映了历代建筑师在这场建筑“接力赛”上的默契配合和职业伦理。而西方的一些建筑师在这方面的所作所为，尤其是他们在中国的表现则差强人意。一些所谓的地标景观建筑，炫奇斗巧，互相拆台，在他看来简直是一幕闹剧。他对习近平总书记提倡的“不要建那些奇奇怪怪的建筑”的观点非常赞赏，他认为这才是建筑伦理的理性之道。

此外，张先生“理”的思想还体现在对“地理”的关注。地理指地形的肌理、脉络、结构、秩序和山川形势，甚至还包括区域的气候条件。张先生对地理的关注始于对鄂西吊脚楼的研究，他从武陵的地理环境中找到孕育吊脚楼的先天条件。武陵地区山地多，平坝少，植被茂密，降水丰沛，气候湿润，正是这些地理条件限制倒逼出干栏建筑的抗洪减灾、通风除湿、节约土地资源等多种优点。干栏建筑是大自然优化选择和人们不断试错的结果，体现了土家族对武陵地理环境的理解和尊重。他认为地理信息是解读景观建筑和文化符号的一把钥匙，也是建构景观建筑的重要脉络。由万敏教授主持的思南新城城市设计，其城市框架就是在深度解读当地地理信息的基础上建构起来的。在中国建筑发生学的研究中，他发现幕居、巢居和穴居作为中国建筑的三原色也是对不同地理环境优化选择的产物。张先生之“理”思想是其思想体系中最为丰富的内涵之一，也是他构想的包括风景园林在内的大建筑学之理论根基。

3.4.4 “和”的思想观

“和”源于张先生的“环境祈求和谐”的箴言，“和谐”指不同事物间的相互配合、相互作用，使多种要素相互统一。首先张先生认为“和谐”是建筑的最高境界，具体又体现为人工建成环境的和谐与自然环境的和谐。他认为“中和”是实现人工建成环境和谐的主要途径；“天人合一”是人与自然环境和谐相处的主要原则。

张先生的“和”首先体现为“中和”的思想，“中和”即高水平的折中和儒家所提倡的中庸之道，“中和”是张先生对建筑师职业道德提出的要求，也是他对建筑风格的理解和认识。他认为“中和”是保障人工建成环境和谐的主要途径。1995 年在其发表的《建筑慎言个性》一文中提出了“环境祈求和谐，风格出于共性”的观点，他说环境大于建筑，建筑大于家具，家具大于衣帽。“治大国如烹小鲜”，越是大的艺术，自由度越小，只有收敛个性，追求共性，才能保证相互之间不冲突，不冒犯，才能使建成环境形成合力和统一的视觉风貌①。景观建筑设计是书写大地的艺术，要求更高，设计过程中要协调各种要素，平衡各种关系，设计师更应保持谦逊审慎的态度。故而他对追求大众意识的布扎建筑体系一直推崇有加，他说，尽管老布扎已经“儒分八派”“佛别十宗”，但是仍然保持着旺盛的生命力，没有哪个流派能撼动其主流地位②。对现代主义的几位设计师他却颇有微词，张先生经常拿赖特和沙里宁做对比，沙里宁逝世以后悼词中最令人难忘的是“他没有个人风格”，没有风格正是博大宽宏，要啥有啥，这种众体兼备的特征也是一种高水平的折中，反而更容易成为主流③。他常说，宁可“千篇一律”，不可“一篇千律”，这体现了他对西方哲学话题“一多之辩”的理性思考，也体现了他对“共性”之理性认识。张先生的思想是宁可多中求一，而不能一中求多。这是一种美学原则，也是一种建筑伦理。张先生设计的归元寺云集

---

① 张良皋. 建筑慎言个性［J］. 建筑师，1995（02）：38－43.

② 张良皋. 建筑必须讲理——书《建筑辞谢玩家》后［J］. 高等建筑教育，2009（04）：1－6.

③ 张良皋. 建筑慎言个性［J］. 建筑师，1995（02）：38－43.

斋，在满足实用功能的同时，又赋予建筑以传统的形式，谦虚地配合了归元寺的历史环境。

其次，张先生的“和”体现为“天人合一”思想，他认为这是实现人与自然环境和谐相处的原则。张先生认为人类须放弃傲慢的态度，以平等的姿态对待自然，才能保证人居环境的安宁、祥和。中国传统风水学提倡“亲地贵生”的思想，把山石河流当作大地的骨骼血脉看待，把泥土草木看作大地的皮肤毛发，古人营建活动从不轻言“改造”。皇帝陵寝的建造一般都采用土葬或因山造陵，明十三陵、孝陵和显陵都是顺应自然的佳作，神道并不僵直，随地形地貌转折起伏，分成数段，省去很多开方填土，避免凿伤地脉①；《红楼梦》中的大观园，也是因借地形的产物，园址选在荣府旧园基础上，把宁府的会芳园和宁荣两府之间的小巷融合了进去，保留会芳园内原有的古树名木、亭馆台榭、湖石池沼，荣府旧院的水系也被保留，这一方面节约了很多开支，同时也使园林很快产生了景观效果；鄂西的干栏建筑正是为了避免与农田争抢平坝资源，避免破坏地表植被，避免阻碍地表径流，才有了底层架空的灵动形态，才形成“岸街”“天街”“桥街”等诗意栖居空间。在设计实践活动中，张先生也践行“和”的思想，在万敏教授主持的恩施大峡谷马鞍龙停车场和游客中心的规划设计中，张先生即嘱咐“依山就势，不要形成大的破坏”，他的口谕在建设中被忠实地执行。停车场和游客中心充分利用了地形提供的限制条件，很好地配合了主体景观，保留自然山体的完整性，成为七星岩景区精彩的前奏和序曲。

“通、驭、理、和”是张先生景观建筑思想的精髓，这些观点固然不是张先生专门针对风景园林学提出的，他文化人类学的宏观视角，并不是针对建筑单体而言的，而是聚焦在人、建筑和自然三者的宏观关系上。无心插柳柳成荫，正是张先生这种“广角镜式”的研究方法，意外地为景观建筑留下了很多珍贵的思想遗产。“通”是实现“驭、理、和”的前提条件，是对建筑师自身素质的要求；“驭”是景观建筑师统辖宏大空间的视野和手段；

---

① 张良皋. 匠学七说［M］. 北京：中国建筑工业出版社，2002：111－112.

“和”是指景观建筑的终极目标应与自然环境和社会环境相协调；“理”是景观建筑的指导性原则，也是保持人类自身可持续发展的永恒法则。在张先生这里，“理”代表了建筑的功能逻辑、结构逻辑、地理逻辑和伦理逻辑，其中功能逻辑和结构逻辑是建筑单体营造应遵循的法则，地理逻辑是处理建筑与自然环境关系的法则，伦理逻辑是处理建筑与社会环境关系的法则。

立足于风景园林学科的视角来审视张先生的景观建筑思想，可以说张先生对景观建筑的解读刷新了人们的庸常视野，拓展了景观建筑的内涵和范围。在张先生的观念中，景观建筑不仅是传统意义上花园中的装饰小品和孤立的建筑单体，还包括与大地肌理、山川格局产生同构关系的聚落及城池，这种同构关系不仅体现为一种视觉上的完型，更是建筑选址在生态网络秩序中的准确定位。张先生对景观建筑的思考和实践反映了其超前的地景建筑学思想，体现了天人对话的人居环境理念①。

3.5 本章小结

建筑学是张良皋先生的当行本色，因其深厚的国学功底，景观建筑便成为其专擅的领域，景观建筑实践活动贯穿其一生，该方面的学术思想亦极其丰富。

首先，本章回顾了张良皋先生的人生历程，从中梳理出与景观建筑有关的社会经历，划分出其景观建筑思想发展的三个阶段：大学毕业以前、武汉市建筑设计院时期和执教时期，作为张先生景观建筑思想产生的背景，整理出各个阶段标志性学术实践活动和学术成果，分析其思想形成的外部诱因和内部动因，追寻其景观建筑思想发展演化的轨迹。

其次，本章对张良皋先生学术成果中有关景观建筑的重要理论文献进行解读，从这些文献中发掘其景观建筑学术思想。这些理论文献主要包括武当山道观园林建筑内涵与价值发掘、武陵干栏知识体系建构和《红楼梦》大观园复原思想三部分内容。

---

① 吴良镛．关于园林学重组与专业教育的思考［J］．中国园林，2010：27－33.

再次，本章对张良皋先生的景观建筑实践案例进行分析。主要分析了解放公园空军烈士纪念碑设计、洪山无影塔选址设计、归元寺云集斋素菜馆设计、安陆李白纪念馆设计、思南新城城市设计、竹山县郭山歌坛设计和九江琵琶亭景区设计七个案例，从中透视其景观建筑设计实践思想。

最后，在景观建筑理论文献解读和设计案例分析的基础上总结出其“通、驭、理、和”的学术思想，并在风景园林学科思想体系中对其进行定位。

4 张良皋文化景观学术思想研究

文化景观有两层含义，一是人文地理学中的分支，二是由此发展而来的世界遗产体系中的一种遗产类型。在人文地理学中，对文化景观的主流认识一般采信美国地理学家索尔的定义："文化景观是人类文化作用于自然景观的结果。"① 这一定义是指居住在其土地上的族群，为了生存生活需要，利用自然条件，有意识地在自然景观之上叠加自己所创造的景观。这些景观中往往包含着文化的起源、扩散和发展等方面有价值的信息。文化景观存在着空间和时间上的差异，空间上的差异表现为各族群因地理环境和历史文化不同，塑造景观的方式不同。时间上的差异则表现为由于族群的迁徙，同一地理区域内被不同的文化族裔相继占领，每一族群都按照其文化标准对自然环境施加影响，从而在地理环境中所形成的文化景观叠加现象。

在世界遗产保护领域，文化景观于1992年12月在美国新墨西哥州圣达菲召开的联合国教科文组织世界遗产委员会第16届会议时被提出并纳入《世界遗产名录》。文化景观遗产代表《保护世界文化和自然遗产公约》第一条所表述的"自然与人类的共同作品"是世界遗产中的一种新类型。《实施保护世界文化与自然遗产公约的操作指南》对文化景观的遴选原则进行了规定："文化景观须以其突出的普遍价值和明确的地理文化区域内具有代表性为基础，使其能反映该区域本色的、独特的文化内涵。"一般来说，文化景观有三种类型：①人类出于美学原因有意设计建造的景观，往往具有宗教或

① 赵荣，等. 人文地理学［M］. 北京：高等教育出版社，2006：34.

其他的纪念性意义；②有机进化的景观，它产生于最初始的一种社会、经济、行政以及宗教需要，并通过与周围自然环境的联系或适应而发展到目前的形式；③关联性文化景观，以与自然因素，强烈的宗教、艺术或文化相联系为特征，而不是以文化物证为特征①。

从上述不同学术领域对文化景观的描述中可以看出，立足于人文地理学的文化景观，其研究对象主要为土地利用、聚落和建筑②，其中聚落和建筑均是张良皋先生的本行，故而张先生只要将聚落和建筑置于人地关系复合体的研究，均可视为张先生的文化景观思想；而张先生提出的有关人居仙境的模式是有关土地利用方式方面的，故亦属于人文地理学的文化景观范畴。立足世界遗产学角度，只要张先生符合三大遴选标准界定内涵为对象的研究和思想观点均可视为其文化景观遗产思想，张先生注重并擅长其中的①、②两类。

上述两个学术领域中的文化景观并非没有联系，首先世界遗产学是针对自然文化双遗产现象而引入的人文地理学中的文化景观概念，以其中对象的互动共存来表述该类遗产，由此而有文化景观遗产，并以其取代自然、文化双重遗产；另外，对于人文地理学领域的文化景观，一旦符合《保护世界文化和自然遗产公约》中前6条标准之一，便可被收入而发展成世界遗产保护体系中的文化景观遗产。故而文化景观遗产是人文地理中文化景观的杰出代表，是文化景观的精华。因此两个领域内文化景观的内涵并无本质区别，其区别仅在于一个进入国家保护“体制内”，一个尚处于自在自为的状态。遗产体系内的文化景观强调了文化景观的代表性和濒危性。

由于张先生在两个不同领域的文化景观研究均有不少极佳的思想表现，故本文将两个不同领域的文化景观结合于一体来考察，以认识张先生的思想。其地理学范畴的文化景观思想主要立足于“人地关系互动论”，以人地关系的历时性演变为线索，从而揭示文化景观的空间演变规律；而其文化景

---

① 郭万平．世界自然与文化遗产［M］．杭州：浙江大学出版社，2006：7.

② 赵荣，等．人文地理学［M］．北京：高等教育出版社，2006：34.

观遗产方面的研究重在遗产价值发掘与认知。故而笔者以上述两大板块为研究框架来整理张先生的文化景观思想，下文首先对其文化景观思想形成的背景进行梳理、回顾。

4.1 张良皋文化景观思想理论与实践的背景

首先要申明的是张先生并非文化景观的专门学者，他也从未将自己的研究与文化景观研究类比攀附，但因其从事的建筑、聚落、方隅、地望、人居环境模式、文化遗产等方面的研究与文化景观研究对象高度重合，且其文化人类学、建筑人类学的视角本身便是当代文化景观的一种研究方法，这“意外地”为人文地理学和遗产学的文化景观留下了一笔丰厚的思想遗产，文化景观也成为他风景园林学术思想中最为丰赡的部分。该类学术思想主要诞生于其执教时期，故而我们以执教时期作为一个分水岭，把其文化景观思想的发展背景分为两个时期。下面给予分期阐述。

4.1.1 执教之前

张良皋先生6岁至11岁是在宜昌度过的，童年生活给他留下了美好的记忆。宜昌古为夷陵，是三国文化遗产的富集地带，嫘祖的故乡西陵和王昭君的故乡香溪都距宜昌市区不远，周边的西陵峡口、磨笄山、镇江楼等风景名胜是张先生朝夕可望的地方。另外宜昌既与楚文化的发源地荆山不远，又属于巴楚文化交会的前沿地带，自然环境和生活习俗中弥漫着楚文化的浪漫气息以及巫巴文化的神秘色彩，这些文化氛围和灵秀的自然环境结合在一起，激发了张先生的浓厚兴趣，文化景观思想的种子便在张先生幼小心灵中扎根。

1938年，在西迁恩施的途中，张先生又一次接受了文化景观的情景教育。沿途富有民族和地域特色的吊脚楼，以及风雨廊桥、天街、古驿道、古塔、古关隘、摩崖石刻、悬棺等都在恰当的位置恰当地布设着，这给张先生留下了深刻的印象。

1938年11月至1942年9月，张先生在恩施度过了四年的中学生活，这四年虽然生活条件艰苦，但张先生接受了鄂西地域文化的丰厚滋养。恩施地处巴文化的腹地，系武陵主脉所在，保留了相对独立完整的地域文化，恍如民族童年的身影，故而张先生后来称这里为“历史的冰箱”和“文化沉积带”。湖北联中初中部的中转办学地点即在宣恩的文庙，周围还有火神庙、城隍庙、覃家祠堂等诸多古建筑①。古祠幽巷，苔砌莓墙，花木曲廊，原味质朴的学习环境使张先生忘记了生活的不幸，沉浸于文化景观的“大观园”之中。除此之外，恩施地区独特的风物习俗也让张先生备感好奇，如山坡上的梯田、溪涧上的索桥、吊脚楼里的火铺、服饰上的西兰卡普、节日时的摆手舞，等等，恩施的人文环境给张先生提供的是一种“熏蒸疗法”式的影响，其文化营养渗透入张先生的每一个毛孔。当然，这个时期，张先生既没有建筑意识，也没有景观意识，只是一种审美直觉的关照，但这些自觉的审美关照像一张张“底片”在其记忆里保存下来，成为其后来从事相关研究的原始素材。

4.1.2 执教之后

1982年张良皋先生受聘到华中工学院（现华中科技大学）执教以后，他开始有充足的时间进行学术理论研究。由于其涉足的研究领域比较广泛，各种思想并行发展，此起彼伏，相互交织，很难从时间段上找到一个明确的起点。但是根据其研究成果的分布特征看，20世纪80年代以古建筑研究为主，20世纪90年代则以干栏聚落研究为主，2000年以后转向巴楚文化研究，这仅说明了他学术思想成果呈现的时间，而他每种思想都经历了前期漫长的积累过程。作为他建筑史学与干栏研究的“伴生现象”——文化景观思想在每个时期的学术活动中从来不曾缺席。

20世纪80年代初张先生考察了全国众多的古代建筑，这些建筑都与环境关系融洽，具有文化景观的特点，如钟祥明显陵、北京明十三陵、承德外八庙、武当山古建筑群、嵩山古建筑群、宁波普陀寺、襄樊古隆中、米公祠等。这个阶段，为了充实建筑史材料，张先生对考古学产生了浓厚的兴趣，

---

① 张良皋．西迁琐忆［C］//青史记联中．湖北联中建始中学分校校友会编，2009：167.

在他用过的《中国建筑史》教材上密密麻麻地写满了评注。笔者查阅时发现，引注最多的期刊是《文物》和《考古》两杂志上发表的有关建筑考古的最新资料。由于他对考古学的长期关注，他也成了这方面的专家，1984 年他在《文物》杂志上发表了《圭窬小识》一文。要知道《文物》是当时我国考古学的顶级期刊之一，但有时他并不满足于书面上获得的信息，还经常造访考古遗址实地踏勘，而这种造访也给他带来不少研究发现，丰富了其文化景观思想内涵。

1980 年登临武当山，在十八盘顶发现"仙关"摩崖，经张先生考证其为绍兴庚辰题刻（1160 年），因此把武当山纪年实物提前了 129 年；1983 年 4 月 30 日与林奇、邓辉考察恩施旧州城遗址，发现南宋州官张朝宝咸淳丙寅（1266 年）摩崖题刻，纠正了《施南府志》中记"张朝宝"为"张宝臣"的错误。这时期考察的还有黄陂盘龙城遗址、应城板门湾遗址、潜江章华台遗址等。在应城板门湾古城遗址中，有一座距今 5000 年的四开间建筑遗址，他提出古民居为双开间的设想；在房县青龙泉遗址古民居考证中，结合楚人的崇东意识，他认为该民居不是南北串联的二进屋而是东西并列的双开间建筑。对城背溪文化遗址、大溪文化遗址、屈家岭文化遗址，张先生更是如数家珍，考古学的研究方法后来基本上成为他文化人类学、建筑人类学、文化景观研究的"一把尺子"。

20 世纪 90 年代张先生在文化景观领域的研究以干栏聚落为主，一是由于青少年时期鄂西求学的经历，二是由于两个干栏建筑国家自然科学基金课题研究的需要。在考察研究的过程中，他除了关注吊脚楼建筑以外，该地区其他风土类建筑和独特聚落环境也给他留下了深刻的印象，引起他强烈的研究兴趣，如土司城、古寨、祠堂、关卡等。1992 年 7 月他登上咸丰二仙岩，考察高崖地台式地形环境，几日后他又考察了利川鱼木寨，攀登亮梯子，体验上面的石头村；他分别于 1990、1991、1993、1999 年四次考察唐崖土司城，并发表《没落的土司皇城——唐崖土司城》一文，对土司城的选址、布局、山水环境进行了透彻的分析，并对其历史沿革进行了详尽的考证；1993 年张先生考察鹤峰容美土司城，把其置于武陵山区宏观地理格局中与唐崖土司城进行对比，并梳理了容美土司城的悠久历史以及在鄂西社会发展中的地位和影响力；1998 年张先生利用三峡蓄水前文物调查之机，登临重庆石宝寨；1999 年考察宣恩彭家寨，他发现从沙道沟经两河口、龙潭、布袋溪、咸池、将军桥到沙道沟一线是干栏聚落的一圈美丽的项链，而彭家寨就是这项链上一颗最光彩照人的明珠。张先生 20 世纪 90 年代前期的考察活动范围主要集中在鄂西地区，后期的考察活动遍及滇、黔、湘、桂、川、渝几个省份和地区。他从鄂西的聚落环境中发现“桃源”和“悬圃”两种模式，从傣、爱尼、侗、瑶、壮、苗、土家几个民族干栏建筑地域形制差异中梳理出中原窑院建筑文化与西南巢居建筑文化交流融合的轨迹。

20 世纪 90 年代，张先生除了对干栏聚落进行考察研究外，还有三次考察活动对他稍后期的思想产生了重大的影响。一次是 1991 年，在大宁河小三峡考察的过程中他发现左岸崖壁上下两排孔洞，由于孔洞之间有 4—5 米的间距，难以承受行人的重量，张先生推断此为卤管栈道，而非人行栈道，上面一排为唐代所凿，下面一排是东汉永平七年所凿，证明巫盐在汉代已经工业化，这应该是世界上最早的一条工业栈道。1991 年 10 月他又乘兴考察了咸丰古盐道，对清江盐源的历史有了大概的了解；1998 年 6 月至 7 月他参加三峡库区文物保护工作考察活动，从宜昌到重庆沿途各地的博物馆中发现大量的圆口平底盐罐和羊角状尖底杯，在忠县㽏井沟的盐罐堆积厚达 5—6 米，数以亿计，结合大溪文化遗址中发掘的腌鱼骨和《山海经》中巫载之国的记载，使他对古代巴域的盐业文明有了充分的认识，同时也激发了他探寻巴文化源头的兴趣，盐源和行盐古道也成为张先生后来考证巴域文明的一组重要的论据。

2000 年以后，张先生的研究重心转向巴楚文化领域，其实，张先生对巴楚文化“心仪”已久，这也可能跟他的家学渊源和知识结构有关，他在 20 世纪 80 年代初便加入了由湖北社会科学院主办、华中师范大学张正明教授主持的楚文化研究会。加入此会也有出于为教学提供支撑，扩大教学资源的考虑，当时由于忙于教学工作，巴楚研究也处于业余爱好状态。2002 年《匠学七说》一书出版，完成了他多年讲授《中国建筑史》的思想总结。由于年龄原因，他不再承担繁重的教学工作，全身心地转向巴楚历史文化的研究，看似转向，其实与他90年代的干栏建筑研究有着千丝万缕的联系，受潘光旦土家族源考证研究的启发①，他由对土家族建筑历史的溯源转向了巴史研究。

张先生的巴楚文化研究以庸国为研究对象，主要考察范围以南河、堵河盆地为中心覆盖整个巫巴山地，南面扩展到清江、乌江流域。2002年11月12日他考察了十堰、房县、竹山等地以及沿堵河和柿河通向两河口的古盐道，重点考察竹山田家坝的上庸古城遗址；2004年8月他沿神农架、武当山周边地区考察了7天，途经保康、房县、竹山、竹溪、平利、安康、旬阳、白河、郧西、郧阳等地。这次考察使他对古代庸国的山水格局有了整体的了解，他发现了庸国"地望"与中国传统文化符号中先天八卦、四灵、五行的对应关系。从庸国的"土宜"中了解了巫山盐源、郧县铁矿、竹山银矿、安康金矿等古代工业遗址。另外，南河、堵河河谷良好的生境也给他留下了深刻印象，这里地处原始人类的神奇的北纬30°以南，气候温暖湿润，土壤肥沃，尺度规模适中，便于早期人类居住。这样的小盆地、小河谷在巫巴山地还有很多，他仿佛发现了孕育庸国上古文明的谜底。

2006年《巴史别观》一书出版，该书体现了张先生巴楚文化研究的重要成果，书中提出了"巴文化是华夏文化之源"的观点。由于该书不是采用编年史、断代史和纪传体的常规写法，而是借鉴了汤因比《历史研究》的写作方法，以思想观念为框架组织历史证据②，又由于他以人居环境作为巴文化探源的切入点，因而庸国的地望、巴域的盐源和堵河、南河河谷良好的生境便成为证明他思想观点的重要论据，盐源开发的历史和沼泽干涸的顺序成为张先生演绎巴文明的线索，巴域的盐业遗址和行盐古道作为文化景观的两种类型也被他逐步发掘出来。

在《巴史别观》中，张先生对汉水中上游的小盆地沼泽环境表现出了浓

① 张良皋．蒿排世界［M］．北京：中国建筑工业出版社，2015：197.

② 汤因比．历史研究［M］．郭晓凌，等译．上海：上海世纪出版集团，2017：1－4.

厚的兴趣，小盆地沼泽中适宜于原始人类的生境条件，成为他演绎庸国文明的大前提。出于惯性思维，2006 年以后，他把研究目光从汉水中上游转向下游的江汉湿地。在一个电视节目中，他偶然看到南美洲的的喀喀湖中的浮岛，马上联想到长江中下游湖泊中的蒿排浮游聚落，并找到他的老朋友湖北省博物馆林奇先生求证，林奇先生告诉他，湖北的一些大湖里确实有蒿排存在，不但可以居住，上面还可以种庄稼、养牲畜，随洪水而起伏和飘移，可以说是一个水上浮游的“田园综合体”。为了印证蒿排聚落存在的真实地理环境，80 多岁高龄的张先生特地央烦其学生万敏教授开车陪他到洪湖考察，结果很失望，洪湖的蒿排因发展“网箱养鱼”而被破坏殆尽①。回忆起以前人们可以到蒿排上拣鸟蛋，可以享受野鸭雁鹅的美餐，张先生开始呼吁保护蒿排。2009 年张先生作为顾问随同万敏教授到贵州荔波县做规划时意外发现了蒿排的近亲“骆田”，联系早年他在神农顶九大湖区发现的架田，以及从新闻媒体上看到的江苏兴化的垛田，他觉得蒿排浮游聚落不是一种孤立的景观现象，而是人与自然和谐相处的文化景观，背后存在一个连续的演进系列。2008 年 10 月张先生参加在开封举办的中国建筑学建筑史学分会年会之时，宣读了《保护蒿排》一文，文章阐述了蒿排浮游聚落所具有的生态价值、文化传播功能以及孕育人类文明的物质条件。该文作为代序被收入《蒿排世界》一书。在前期的基础上，该书又论证了蒿排世界具有孕育原始文化的可能性，考证了甲骨文、传统的文化符号与蒿排聚落生活、生产环境的关联性，并在历史文献中搜寻了大量有关蒿排的记载，说明蒿排并不是一种孤立的现象，而是人与沼泽和谐相处的一种文化景观类型。《蒿排世界》一书中的材料、思想便是张先生湿地文化景观思想的重要来源和背景。

纵观张先生到华中科技大学执教之后的学术活动，尽管涉猎领域比较广泛，但他有一个主心骨，就是以建筑和人居环境为研究的出发点，虽然在文化人类学的宏观视角下某些研究内容显现为人地关系演进的历史现象，但其载体仍是建筑和人居环境，故而干栏建筑、蒿排浮游聚落和庸国地望的研究

---

① 张良皋．张良皋文集［M］．武汉：华中科技大学出版社，2014：14.

都与文化景观有着千丝万缕的联系。从他干栏建筑的研究中可以发现“人间仙居文化景观”和“干栏演化文化景观”，从他蒿排浮游聚落的研究中可以发现“湿地文化景观”，从他对庸国地望的研究中可以发现“盐源文化景观”和“风物文化景观”。可以说张先生这几方面的研究背景是一座文化景观思想的富矿。

4.2 张良皋文化景观理论思想解读

张良皋先生的文化景观思想主要蕴含于他的巴楚文化探源研究中，集中体现在三个方面。其一是以湖广大泽为背景的蒿排浮游聚落研究，其二是以巫巴山地为背景的庸国历史文化研究，其三是以武陵地区为背景的干栏建筑研究。由于建筑学的专业背景，人居环境是其研究问题的出发点，加之其长期讲授建筑史课程形成的文化人类学研究方法和思维习惯，他的研究均是从人居环境入手来考察人地关系，这使张先生的研究具有浓厚的人文地理学特点。根据人文地理学中对文化景观的定义“人类按照其文化的标准，对自然环境施加影响，形成地球表面地区间的自然和人文事物的差异”①，以此为标准，归结出张先生的文化景观思想，主要有湿地浮游聚落、盐源文化线路、干栏建筑演化、仙居范式、巴楚地望与风物考释六大方面内容。下面予以分类解读。

4.2.1 湿地浮游聚落思想

张先生的湿地浮游聚落思想主要源自他 2014 年底定稿的《蒿排世界》一书。其实早在此前 6 年，他已经开始了蒿排的研究。2008 年，张先生在开封参加中国建筑史学会的年会上，曾宣读《保护蒿排》一文，后该文被收入《蒿排世界》一书为序。2010 年张先生参加在乌鲁木齐举办的第 12 届建筑与文化讨论会，发表《蒿排——人类文明的水上温床》一文，后被收入《蒿排世界》作为第一章。该文论述了蒿排作为一种聚落对人类文明萌芽的催生作用。随后张先生又从史籍中搜寻蒿排发展的历史，通过原始符号考证蒿排孕

① 赵荣，等. 人文地理学［M］. 北京：高等教育出版社，2007：9.

育文明的证据。2013 年春分《蒿排世界》一书初稿终于全部写完，2014 年底校对完毕，张先生如释重负，如同完成了一项重大的历史使命，然后到武汉市中心医院做了一次全面的体检，没想到由于长期写作劳累导致免疫机能全面下降，肺部感染导致器官衰竭，让他从此诀别了他热爱的学术研究。回顾张先生《蒿排世界》的写作过程，像是有一股信念支撑他完成该书。蒿排浮游聚落是他的一个研究夙愿，作为建筑师的一种责任担当，是他对全球气候变暖、湿地退化的一种积极回应，体现了他对人居环境发展趋势的一种关心和思考。而这又将张先生与风景园林学高度链接，要知道湿地景观是风景园林的核心内容之一。张先生将毕生的收官之作定位于风景园林的核心范畴，让人们认识了一个传播文明、富含文化的"湿地景观"，这使张先生从一个跨界大师迈向名副其实的风景园林学术大师。

所谓蒿排，就是利用湖沼中自我生长的，经过新陈代谢积累并漂浮于水面的、盘根错节的芦苇丛编制而成的水上浮游平台，上面可以住人、盖房屋、种庄稼、养畜禽。洪水来时随波漂游，洪水退去蒿排搁浅。张先生研究的蒿排浮游聚落属于一种湿地文化景观，他立足文化人类学的视角，受历史文献的启迪，还原了湖广大泽史前的地理环境，以巴楚原始土著最具代表性的一种湿地聚落形式——蒿排为切入点，分析了湖广大泽以及这种聚落形式所具有的孕育远古物质文明和精神文明的条件。他认为蒿排浮游聚落对原始人类来说，具有诸多优势生存条件，不仅能够提供"衣食住行"等各种方便，并且诱使人们使用天然沼气火源、搭建苇寮、编制稿荐（草席）、使用席子、发明陶器等；蒿排聚落孤立无援的环境能够培养人的集体协作互助精神，有利于形成偶婚制家庭结构及初级社会伦理；计时、定向导航、天气预测的需要刺激发明创造；随波逐流的流动性有助于聚落间的文化交流，提前形成统一的语言文字。最奇妙的是张先生运用训诂学、符号学的手段还原了云梦大泽地区蒿排聚落热火朝天的原始生活、生产场景。他认为十二属相就产生于蒿排，反映的是蒿排聚落中繁荣的养殖场景，这些动物相互制约，形成一个完整的食物链，保证了蒿排聚落的生态平衡和环境卫生。张先生指出十二属相、天干、地支符号和甲骨文不但是训诂考证的工具，同时也是蒿排聚落的文明成果，这些文明成果说明了蒿排浮游聚落在当时是一种先进的湿地利用方式。张先生认为蒿排聚落是沼泽先民的一项伟大的发明，反映了人水和谐共生的理念。

从张先生对蒿排生产、生活环境的解读看，蒿排浮游聚落具有现代循环农业、节约型农业的典型特征。他认为蒿排聚落不仅是一种栖居形式，更是集生产、生活、交通等功能于一体的原始“田园综合体”。聚落上的所有生活资料、生产资料均取自蒿排周边自然环境；生活、生产所产生的垃圾又被养殖系统就地消化吸收，不产生任何环境污染，对环境的干预保持在最低限度。他在书中写到，浮游蒿排聚落的性质与大自然的节律同呼吸、共进退。洪涝灾害、暴风骤雨对其来说不再是一种自然灾害，而是大自然律动的脉搏，有时甚至还能“借力打力”，借助于洪汛、洋流等大自然的脉动创造文化交流的机会，助推文明的传播。张先生甚至认为南美洲的的喀喀湖（Lake Titicaca）中的浮游聚落不排除是上古时期从中国大陆漂流过去的蒿排文化孑遗。今天看来，蒿排聚落对于湿地环境退化的内陆国家来说，好像已经失去了存在价值，但是面对全球气候变暖、洋面上升的趋势，他认为对于一些岛国居民来说，蒿排聚落未必不是一个“诺亚方舟”。日本建筑学者原广司在研究世界聚落时，也曾发现南美洲的“浮岛聚落”和幼发拉底河流域的“家族岛聚落”具有随潮汐起浮的“呼吸”现象，但在惊诧两地聚落的形式相似的同时，其并未联想到漫长地质年代中洋流、洪汛创造文化交流的机会①。由此可以看出张先生的蒿排浮游聚落思想还是极具想象力的。

张先生蒿排浮游聚落思想，反映了一种人水和谐共生的生存理念。根据单霁翔先生对文化景观关键特征的描述，文化景观体现的是人类与环境之间相互关照、共荣共存的可持续发展理念，包含了文化的起源、扩散和发展等方面的有力证据，反映了其所在文化区域特有的文化要素②。而张先生蒿排聚落思想，正是该种人类和湿地环境的默契互动，其中包含了华夏文化起源

---

① 原广司．世界聚落的教示100［M］．于天祎，刘淑梅，马千里，译，北京：中国建筑工业出版社，2003：40.

② 单霁翔．实现文化景观保护理念的进步［J］．现代城市，2008（03）：1－6.

的有力证据。根据人类学家斯图尔德（Ulian Steward）文化生态学的观点，生态环境造就了与之相应的文化形态和进化途径，文化为人类提供了适应环境的方法①。张先生论证蒿排环境的这些文化正是在湿地独特的生态环境中产生的，均与湿地的生态环境有着紧密的联系，故而张先生对蒿排聚落的研究体现了人水互动可持续发展的理念以及文化起源于地理环境的思想。张先生的蒿排浮游聚落思想并非其拍脑袋之空想，他小时候便惊奇于这类生活在湖沼上的人群，那时千湖之省的湖北及其江汉湿地，该类景观随处可见。《洪湖赤卫队》中韩英的一句“芦苇蒿草是我房，船板蒿排是我床”的唱诗，激起了他童年的回忆。而建筑大师勒·柯布西耶受美洲湿地的影响，围绕现代建筑指出了现代建筑五原则，其中第一条便是“独立支柱”，即建筑底层架空，为建筑接地空间提供了充分的包容洪水的空间，这些均成为张先生湿地浮游聚落思想的旁证与注脚。

4.2.2 盐源文化线路思想

盐源文化线路思想体现在张先生的巴楚文化探源研究中。巴楚文化探源是张先生干栏建筑和席居制研究的延续，在考证干栏建筑与席居制历史渊源的过程中，他一不留神跨入巴域文化研究领域，受潘光旦先生土家族历史研究和苏丹友人努比亚为埃及文明之源观点的启发，基于新中国成立后长江流域的一些考古发现和苏秉琦先生提出的六大考古区系理论②，张先生提出了巴文化是华夏文化源头之一的设想，其中最为重要的论据便是盐源。这使得他的研究从建筑学转向文化人类学、人文地理学，而这宏大背景中呈现出的人地关系脉络则构成了他文化景观的重要线索。在《巴史别观》一书中，盐源开发的顺序、制盐技术的传播和盐业贸易的线路则构成了他文化景观的重要内容。

从盐源角度思考文化的起源，张先生受到了民族文化学者任乃强先生《说盐》一文的启发。任先生认为从猿进化到人类离不开食盐，食盐能够提

① 夏建中．文化人类学理论学派［M］．北京：中国人民大学出版社，1997：57.

② 苏秉琦．关于考古学文化的区系类型问题［J］文物，1981（05）：10－17.

供人类智力进化的主要营养，人类早期聚落的选址都离不开盐源，古文明的发源地周边都有盐源①。立足于任乃强的观点，张先生提出适宜的纬度带、富饶的小河谷盆地和充足的盐源三要素是孕育上古文明必要条件的观点，而巴域又是华夏境内同时满足这三个条件为数不多的地区之一。

张先生认为《山海经·南荒经》中记载的“臷民之国”就是巴域的故事，这个民族不耕不织，却衣食丰足，肯定与食盐贸易有关。巴域的文化同样都与盐源有关，张先生认为灵山十巫中的巫咸就是掌管制盐技术的大巫，在国家出现之前巴人已经掌握制盐技术。他指出在巫山、解池、山东、吴越四个产盐区中，巴域的巫山盐源开发最早，河东盐源的制盐技术是由巫咸传播过去的，而山东的制盐技术又来自河东解池，这些盐源开发的先后顺序和技术传播的过程正是华夏文化发展演进的顺序，华夏文明的脚步随着制盐技术的传播而前行。他认为甲骨文中的西、卤、罍、彝、鬯等字其实表示的全是盐器，甲骨文中表达东、西两个方向的字也都与盐器有关。这些研究显示出盐对文化的塑造作用。他考察发现在巴楚地区现在还能找到很多古代盐业遗址，如巴域的巫溪大宁盐厂、云阳云安盐泉、云阳双江口盐泉、奉节臭盐碛、万县长滩井盐泉、忠县涂溪、盐溪二盐泉、彭水郁山盐泉等。盐源是文化之源的思想显示了张先生文化景观思想中环境决定论的成分，与黑格尔地理环境对历史的发展具有很大影响的观点相似②，与拉采尔（F. Ratzel）、森普尔（E. C. Semple）等人的环境决定论思想也非常接近③，在强调气候条件和其他地理环境要素的同时，他又强调了资源要素和技术要素在人类早期进化过程中的重要作用，这个观点显示了张先生对资源与技术要素的关注，与人类学家斯图尔德提出的资源、技术和劳力文化三要素的观点高度吻合④。

---

① 任乃强．说盐．[J]．盐业史研究，1988（01）：3－13.

② 黑格尔．历史哲学［M］．潘高峰，译．北京：九州出版社，2011：196－198.

③ 赵荣，等．人文地理学［M］．北京：高等教育出版社，2011：8－9.

④ 庄孔韶．人类学概论［M］．北京：中国人民大学出版社，2006：53.

表 4－1　盐源开发顺序表

先后顺序	1	2	3	4
盐源	巫山盐源	解池盐源	山东盐源	浙东盐源
开发者	巴人廪人	黄帝和蚩尤	北迁的百越族裔	百越

（资料来源：作者根据张良皋书中信息整理）

除了对中国古代盐源遗址和制盐技术传播路线进行考证，张先生还对盐业贸易路线进行实地考察。他认为很多盐道推动了地域经济的发展，是传播文化的重要载体和连接不同民族文化的纽带，一些古镇、村落，驿站、会馆、关卡、码头、桥梁等因为盐业贸易而生。1991 年张先生根据巴山卤管盐道构拟了上古时期巴人行盐路线图，由于这些行盐古道分布于巫巴山地的山林溪谷之中，故而被他称为“巴山秘径”（图 4－1）。张先生认为“巴山秘径”包括两条，一条是巫溪古盐道，发端于巫溪大宁厂，从镇坪县一分为二，东北方向通往湖北的竹溪、竹山和房县；西北方向通向安康，过旬阳经峪谷道到长安。第二条秘径是神农溪以东的香溪秘径，从香溪翻越巴东垭到房县，自房县沿白河下至丹水，在丹水一分为二，一条由丹水上溯白河，进入南阳盆地；另一条自丹江过武关，经商南、丹凤、蓝田抵达长安。张先生认为后一条正是王昭君入汉宫走的路线，他认为香溪秘径不会是在屈原、王昭君时代突然出现的，在此之前应是巴人行盐的古道。故而，他认为“巴山秘径”也是上古时期华夏文化由南向北传播的三条主要路线之一。

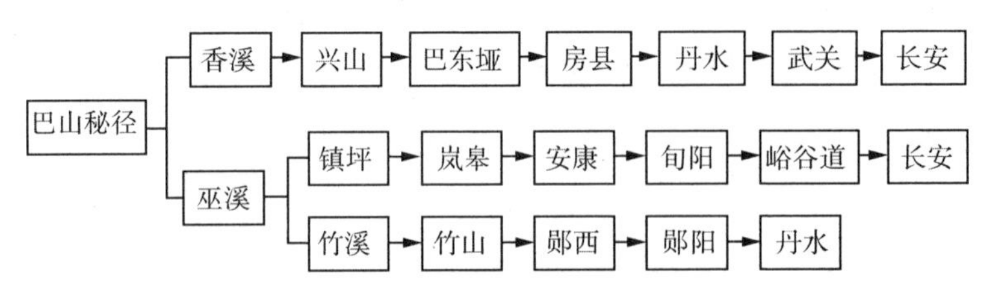

图 4－1　巴山秘径

（资料来源：作者根据张良皋书中信息整理）

张先生对“巴山秘径”的研究，陆续引起了一些学者对古盐道的兴趣。1997年汤绪泽根据道光年间陕南地方官吏严如熤边境查勘之翔实资料纂辑的《三省边防备览》一书，考证了从巫溪大宁盐厂通向鄂西北地区和陕南的八条古盐道，信息具体到每个村镇及线路总里程①。这些古盐道清代以前一直在使用，直到近代海盐和井盐的开发，这些盐道才逐渐被废弃。汤先生的研究证实了张先生有关巴山秘径的推测。2008年华中科技大学赵逵教授对川盐古道的聚落和建筑进行研究，他以四川盐源为中心，梳理出川鄂、川湘、川黔、川滇四个方向的古盐道，并统计了沿线的聚落、口岸、驿站等历史遗存，分析了这些建筑的分布与盐业贸易的关系②。2015年邓军统计了川盐古道文化遗址的种类和数量以及保护现状③。这些研究证实了盐业贸易对沿途文化景观的塑造作用，也证明了张先生有关盐业古道文化景观价值的观点。

张先生认为，行盐古道上这些聚落、驿站、桥梁、码头、栈道、碑碣等见证了区域间商业、文化的持续互惠交流的过程，反映了盐业文化对地理环境施加的影响，在地理上留下了独特的文化印记，极具文化景观的价值。孤立地看张先生发掘的这些古盐道上的每一处遗址，其景观价值并不突出，但当把这些物质形态、非物质形态以及自然、人文的要素综合在一起时，便形成了1加1远大于2的效果。根据单霁翔先生对文化景观整体性超越于“各组成部分之和”的特征定位，古盐道正符合文化景观的综合性特征，即使其中每一处景观要素并不出众，但是围绕某一主题形成了一个有机联系的系统，就是一处无与伦比的文化景观。

4.2.3　干栏建筑演化思想

张先生的干栏建筑演化思想在1997年发表的《侗族建筑纵横谈》一文中已初见端倪。该文从开间的数量、底层空间特点、场地围合度几个方面，对哈尼族、傣族、侗族、土家族、汉族五个民族的干栏建筑形制进行了比

---

① 汤绪泽．巫溪古盐道［J］．盐业史研究，1997（04）：32－35.
② 赵逵，桂宇辉，杜海．试论川盐古道［J］．盐业史研究，2014（03）：161－169.
③ 邓军．川盐古道文化遗产现状与保护研究［J］．四川理工学院学报，2015（05）：35－44.

较。在2000年发表的《干栏——平摆着的建筑史》① 一文中，张先生的建筑演化思想基本成型。建筑作为人地关系的重要表征，其演化过程反映了自然环境的变迁和人地关系的互动；建筑作为文化的载体，其演化过程也能反映文化传播的轨迹。不管是人地关系互动的过程还是文化传播的轨迹，二者均属于文化景观的重要研究内容。

张先生建筑演化思想主要体现在对西南地区干栏建筑形制的研究上。他从滇、黔、桂、湘、鄂五地干栏建筑形制的地域性差异中发现了建筑演化的过程，而这个过程正是南北方文化传播交流的轨迹。他通过实地调研发现，滇南傣族吊脚楼，无开间，无围合，被称为居住的机器；黔东的侗族吊脚楼四开间，无明暗间之分，山面开口，无围合；桂北地区瑶族和壮族吊脚楼，三开间，有明间和暗间之分，开口在檐面，仍无庭院围合。对此，张先生进行了补充说明，桂北地区虽然并不比贵州更靠近北方，但其主要居民瑶族是从北方迁来的"长沙武陵蛮"，保留了更多的北方文化特征，壮族和瑶族长期混居，建筑风格趋同，故而瑶族和壮族吊脚楼呈现了更多北方建筑的特点；湘西苗族和土家族吊脚楼，三开间，檐面开口，有明暗间之分，正屋旁出现龛子围合趋势，但龛子与正屋分离不连接；鄂西土家吊脚楼，三开间，有明暗间之分，龛子与正屋连接，围合趋势明显，出现了钥匙头、三合水、四合水、两进一抱厅、四合五天井等多种围合形式（表4-2）。明暗三开间和井院围合都是西北黄土高原原始民居的特点，这是张先生建筑三原色理论中的思想观点，这些观点综合一体便构成了张先生建筑文化传播轨迹的思想。他指出，西南各地干栏建筑形制的差异，表面上看是黄土窑洞建筑文化对西南干栏建筑文化的施加影响过程，而实际上是西南地区干栏建筑文化根据环境需要对西北窑洞建筑文化主动采借的过程，是南方建筑文化对北方建筑文化涵化的过程。在这个演变过程中，干栏式建筑只是外观和布局形式发生了一些变化，作为干栏建筑"底色"的木结构技术和材料工艺并未发生

① 张良皋．干栏——平摆着的中国建筑史［J］．重庆建筑大学学报，2000（04）：1-3.

变化。

表4-2 西南地区干栏建筑演化轨迹

傣族、爱尼	侗族	瑶族、壮族	苗族	土家族
无开间，无围合	四开间，山面开门，无围合	三开间，正面开门，无围合	三开间，正面开门，偶尔有龛子，但不与正屋连接	三开间，正面开门，有龛子连接围合

（资料来源：作者根据张良皋书中信息整理）

德奥历史传播派认为，人类文化史归根结底是文化传播或借用的历史①，张先生可能并不完全认同文化传播派的观点，但他在干栏建筑演化研究中显示了对文化传播作用的关注。从建筑形制、形态的地域差异中寻找建筑发展的演化过程，进而揭示文化交流传播和演化的轨迹，这是张先生建筑演化研究的主要方法，也是其文化人类学研究主要切入点。C. O. 索尔（Carl Ortwin Sauer）认为，“如果不从时间关系和空间关系来考虑，我们就无法形成地理景观的概念。它处于不断发展、消亡、替换的过程之中”②。张先生对建筑演进过程的研究体现了时空双重定位法，这也使得他发掘的文化景观现象呈现系列化、谱系化的特征。这些系列中反映的不仅是建筑的地域化差异，而且是时间轴上的文化演进和传播顺序。他认为把建筑中呈现的地域性差异排列起来，就是平摆着的建筑演化史和文化传播史。建筑不仅是地域环境的产物，受地形、气候等自然因素的制约，同时也受文化习俗、文化传播因素的影响。这与拉普卜特的建筑人类学观点产生了交集，自然环境对建筑的形态固然起着重要的制约作用，但不是唯一的因素，文化习俗也同样在建筑的形态塑造方面发挥着效力。在《宅形与文化》一书中，拉普卜特除了列举一些具有“气候调控器”功能的原始建筑外，还呈现了大量具有“反气候”特征

---

① 庄孔韶. 人类学概论 [M]. 北京：中国人民大学出版社，2015：33.
② 单霁翔. 从文化景观到文化景观遗产（上）[J]. 东南文化，2010（02）：7-18.

的案例，在这些建筑中，文化习俗却像一种遗传基因被顽固地保留下来①。

4.2.4 仙居范式思想

张良皋先生的仙居范式文化景观思想是他在无数次鄂西考察活动中形成的，这在2001年出版的《武陵土家》一书中有所描述。此书对武陵地区地理迷宫式的自然景观和历史冰箱式的人文景观进行了考察，仙居范式思想便是张先生对鄂西聚落环境典型特征的总结，也体现了张先生从传统文化视角对鄂西人居环境的独特理解。

在鄂西干栏聚落研究中，首先吸引张先生的是干栏聚落整体环境中的诗意氛围。当他从中国古典诗学的视角打量这些聚落时，发现了其中最为典型的两种聚落环境模式。一为桃源模式，这类聚落处在四山环抱的地形环境中，由峡谷、洞穴或暗河作为豁口与外部连接，环境非常隐秘，极具陶渊明《桃花源记》中描述的世外桃源的特点，张先生把这类聚落环境形象地命名为"桃源模式"。《桃花源记》虽然是诗人主观构拟的一个聚落环境，却形象地反映了古人栖居的理想模式。张先生认为该类由高山屏蔽，须穿越洞穴才可抵达的"桃源"风景看似条件严苛，但在鄂西却极其常见。他认为地质史上的印支运动、燕山运动所造成的一系列隆起和皱褶，被清江、乌江、酉水、溇水、澧水所切割冲蚀，形成一连串的峡谷、河湾和盆地，这些河湾和盆地则成为土家族先民繁衍生息的天然庇护所。张先生考察发现，穿过腾龙洞进入利川盆地，穿过黄金洞进入毛坝两汊十七沟，穿过卯洞进入酉水河谷，都可以见到方圆几十公里乃至几百公里的桃花源，其间，原汁原味的坪坝、梯田与吊脚楼随处可见，两千年前陶渊明描述的世外桃源成为这里的典型聚落环境②。

张先生认为桃源环境所具有的生存条件优势是非常明显的，具有捍域、庇护、捕猎多种优势。从安全防御的角度看，四山环抱的环境，提供了天然的防御屏障，便于躲藏隐蔽；从生活资料获取的角度看，盆地和河谷地带冲

---

① 拉普卜特．宅形与文化［M］．常青，译．北京：中国建筑工业出版社，2007：45－77.

② 万敏．桃源与悬圃：鄂西岩溶地区互补之古意风景［Z］．手稿，2018.12.

积沉淀的腐殖质与风化层比较深厚，土壤肥沃，生机旺盛，有助于农业生产，易于形成内向型、节约型自给自足的经济模式；从信息获取的角度看，豁口和走廊与外界保持联系，这些豁口和走廊是物质、能量和信息内外交流的通道，具有最高的资源密度和丰富的生物种类，是狩猎的最佳场所，豁口同时使捍域功能得到强化，具有“一夫当关”的战略优势①；从小气候环境看，盆地地形能够平衡冬夏两季的极端天气。在冬季，四周的群山能够有效阻挡寒冷的北风；在夏季，由于地下水源和森林的冷却作用，在盆地形成下沉冷气流，可有效缓解夏季的酷暑。张先生认为桃源模式是土家先民生存经验的结晶，在现在看来仍具有生态学的价值。

另一种是高崖地台式的聚落环境，四围绝壁，独径可通，山顶平旷可耕，并有水源蓄积，张先生典化屈原《离骚》中“悬圃”一词对这种聚落环境进行描述。万敏教授从历史文献中进一步考证出“悬圃”为中国古代昆仑仙山模式中的第二级台地构造。昆仑仙山是古人基于我国西部层级山水特征构拟的一种神话环境。当万敏教授借助现代地理信息系统去捕捉远古神话中的“虚拟现实”时，发现这种悬圃环境并不那么神秘，类似环境在鄂西地区海拔 1000 米以上的高山层台非常普遍，且每一级局部地形都是千姿百态，但总体又呈现出较为平缓的台原特征，这是非常适合古人居住的友好环境，如利川鱼木寨、船头寨、恩施老州城、宣恩二仙岩、恩施红花淌等。万教授认为这些台原的尺度差异很大，像建始、利川等大型台原，其面积可达数百平方千米，恩施红花埫有数十平方千米；而一些“袖珍”型的台原，如利川鱼木寨，船头寨、独家村只有几平方千米②。

张先生用现代生态知觉理论考察悬圃这种聚落环境，认为其生存条件同样非常优越，它完全符合阿普莱顿（Appleton）所说的“瞭望庇护”效应。从安全防御的角度看，由于巨大的垂直高差，把崖上的聚落与周边地形环境中潜伏的危险天然地隔离开来；居高临下的视角，有利于提前发现远方的信息，包括

① 俞孔坚．理想景观探源——风水的文化意义［M］．北京：商务印书馆，1998：85－86.

② 万敏．桃源与悬圃：鄂西岩溶地区互补之古意风景［Z］．手稿，2018.12.

潜伏的危险和狩猎的对象；高台顶部平整的土地为农业种植提供了场地，可保障充足的食物来源；高崖顶部微凹的地形便于蓄积泉水，保证了居民的饮水供应；峻拔的地形更易接受充足的日照和通风，唯一不足之处是没有遮挡冬季风的屏障，但是对于温暖湿润的亚热带地区来说，这种顾虑有点杞人忧天。俞孔坚认为这是资源相对匮乏的一种环境利用模式，土地资源不像河谷盆地那么富裕，没有天然庇护所可以藏匿，这时进攻就是最好的防守，只有通过宣示自己的实力来震慑和阻吓对方，才能使之望而却步，因而占据地形的制高点就占据了战略优势①。南欧的一些城堡也多呈现为这种环境模式，如雅典卫城、西班牙昆卡古城、塞哥维亚古城、法国卡尔卡松古城等，这种环境模式是地形制约的结果，也是人类趋利避害本能和集体无意识的反映。

在张先生看来，桃源和悬圃不仅是鄂西土家居民栖居经验的总结，也是传统文化心理结构、传统文化基因在土家居民栖居环境选择上的投射，桃源和悬圃不仅是物理意义上自然的“景”，也是一种人格化的“境”，其中投射了人的情感意识和技术作用。

4.2.5 巴楚地望与风物考释思想

张先生的巴楚地望文化景观思想主要见于《巴史别观》一书。巴楚地望反映在四灵、五行、八卦这些原始的符号系统中，在考证其渊源时，巴楚地望作为这些符号的所指被呈现出来。

在巴楚文化研究中，四灵、五行、八卦、天干、地支这些符号系统是张先生的论证工具，这些符号系统所指示的语义与庸国的地缘环境和人事环境高度契合，张先生进而认为四灵、五行、八卦这些符号系统为庸国人所创造。五行中的金、木、水、火、土五种元素表达西北东南中五个方位，庸国自然资源的分布状况恰恰与五行上所表示方位相对应。八卦是五行的扩展版本，乾、兑、坤、离、巽、震、艮、坎对应西北、西、西南、南、东南、东、东北、北八个方向，而以庸国为中心的这八个方向的地理环境和人事关系也恰好与八卦中指示的意义完全吻合。四灵中的朱雀、玄武、青龙、白虎既是

① 俞孔坚. 理想景观探源——风水的文化意义［M］. 北京：商务印书馆，2005：112.

图腾符号，也指示四个方向，同样与庸国的地理环境发生对应关系，故而张先生认为这些符号系统为庸国人所创，反映了庸国人的环境认知模式，庸国的地望是这些符号系统的原始脚本（图4－2）。文化景观学者乔丹认为景观是文化的一面镜子，从张先生上述对符号系统的解读看，文化何尝不是景观的一面镜子呢？故而可以认为文化与景观是一对相互映照的系统。

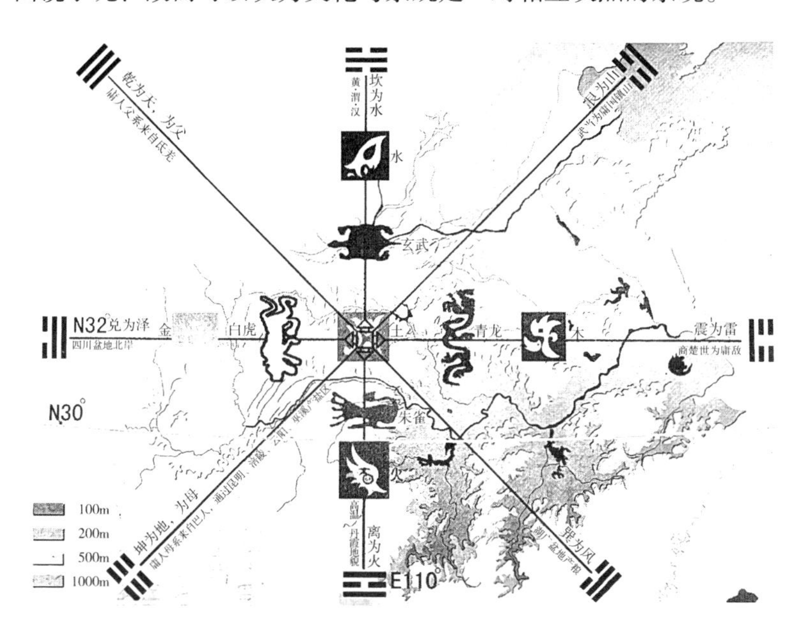

图4－2 原始符号系统与庸国的地望对应关系

（图片来源：《巴史别观》）

张先生所运用的这几套原始符号系统，在法国文化人类学家涂尔干（Emile Durkheim）和莫斯（Marcel Mauss）合著的《原始分类》一书中进行过集中的研究。书中认为这些符号系统体现了原始思维追求秩序化的倾向，而这种倾向的根源是原始氏族社会分化对人类心智影响的结果，在一定程度上体现出原始社会分化的形式；对中国的这些符号系统，他们则认为是滋生于这块地区的人类在自然生活中对宇宙的思考①，这与张先生的

① 涂尔干，莫斯．原始分类［M］．汲喆，译．北京：商务印书馆，2012：77－103.

观点有些近似。张先生认为这些符号系统是巴域自然环境和社会环境的综合反映，同时也体现了巴人对自然环境的认知程度和认知方式。此外，张先生的观点中也有列维·斯特劳斯（Claude Levi - Strauss）结构人类学观点的成分。符号系统被看作人类的心智结构的投射，为了避免产生知觉的混乱，人类在认识自然的过程中都有把自然秩序化的倾向①。原始思维和现代思维的不同在于其“具体性”和“整体性”，其具体性体现在他们用感性词语（符号）对知觉世界进行思辨组织，很多原始的符号系统是以动植物的名称来命名的便是一个例证。整体性体现在其分类图式中将自然界和人类社会当作一个有机的整体看待，用动植物关系为喻体隐喻人类社会关系，即整个宇宙被表现为由诸连续的对立所组成的一个连续体形式②。不过他指出，这种逻辑化指称体系提出问题的方式，却是从自然界中挪用来的③。在张先生看来，这些原始符号系统是从庸国的地理环境中提炼出来的，体现了庸国人对自然环境、社会环境认知的秩序化倾向，反映了庸国先民的环境认知模式和宇宙观。而这些符号和作为其原始脚本的庸国的地望便成了具有地域特色的风物文化景观。

张先生的巴楚风物考释思想散见于《巴史别观》《蒿排世界》《武陵土家》三书。在《巴史别观》《蒿排世界》两书中，其考证巴楚文化的论据涵盖了地理环境、天文历法、物产资源、经济贸易、宗教信仰、图腾崇拜、耕植制度、水利工程、地质灾害、风俗礼仪、生活器具、文学艺术等诸多方面。除了前文中提到的盐业、矿业遗址和传统文化符号这些文化景观的内容外，他还列举了很多地域特色的器物，如产于巴域的錞于、建筑测量定位工具圭臬、蒿排上测风仪器候风五两、袋状尖脚杯盐器等。这些器物见于历史记载，有的业已消失，但作为一种象征性的文化元素仍可在现代的景观设计

① 斯特劳斯．野性的思维［M］．李幼蒸，译．北京：中国人民大学出版社，1997：307.

② 斯特劳斯．野性的思维［M］．李幼蒸，译．北京：中国人民大学出版社，1997：158.

③ 斯特劳斯．图腾制度［M］．渠敬东，译．上海：上海人民出版社，2002：158.

中使用，用来表达一个地方的历史文脉和文化主题。这些标志性的风物具有很强的非语言表达能力，作为地域文化的符码在环境中能够给使用者提供明确的信息暗示。在万敏教授主持的一些景观设计项目中，这些标志性的巴楚风物作为演绎地域文化的线索和渲染场所氛围的道具得到了淋漓尽致的表现。

神话、巫术、图腾、民俗等都是文化人类学的研究主题，故而以人类学和人文地理学为理论基础的世界遗产管理体制自然将些内容也纳入文化景观的保护范畴。在对武陵地区的自然地理、人文地理的研究过程中，张先生对地方风物也保持了浓厚的兴趣。在《武陵土家》中，他把武陵地区土家族的风物当作一座民俗的宝库看待，如土家族传统的靛蓝染料，土家族典型的服饰图案西兰卡普，土家族舞蹈茅古斯、摆手舞和傩戏，土家居室内的火铺等。张先生对这些历史文化景观类型的整理和挖掘，拓展了文化景观视角，丰富了文化景观类型。

由于张先生对人居环境的研究立足于文化人类学的视角，故而其中透析出的文化景观都具有文化之源的特征，这些文化景观所处的地理环境均具有孕育远古文明的优越条件。当地土著居民对自然环境开发利用的方式及其文化成果则构成了文化景观的重要内容。另外，人居环境是考察人地关系的一面镜子，基于文化人类学的视角，他以人居环境为出发点的研究呈现了连续演进的序列化特征。由于文化传播的影响和区域文化发展进度的差异，这些人居环境模式的演进过程会不同程度地保留在不同地域的建筑中，也可以理解为，栖居模式的历时性变化被共时性地呈现于建筑的地域性差异之中，这使得其文化景观呈现出序列化、谱系化的特点。

4.3　张良皋文化景观遗产案例思想分析

1992 年世界遗产委员会把文化景观纳入世界遗产保护体系，《保护世界文化和自然遗产公约》对文化景观遗产的界定是：“自然与人类的共同作品。"① 文化景观遗产是针对自然、文化双遗产的一种解决方案，是对传统的自然与文化遗产类型之间一些你中有我、我中有你的遗产类型的界定，它更强调文化与自然之间密不可分的关系，强调人与生存环境之间的互动与相互依存。李和平教授结合我国国情，将我国文化景观划分为设计景观、遗址景观、场所景观、聚落景观和区域景观五大类别②；单霁翔先生从空间形态上又把文化景观分为城市类文化景观、乡村类文化景观、山水类文化景观和遗址类文化景观③。其中具有突出的普遍价值的且纳入政府保护体制的文化景观均可看作文化景观遗产。文化景观遗产根据其所体现的价值水平差异又可为不同层次的遗产保护体制所包容，在我国现有世界遗产体系、国家遗产体系、地方遗产体系三个层次。

实际上我国遗产保护体制中并没有单独的文化景观遗产门类，其遗产个体的保护分散于我国现有的其他各遗产保护体制之中，包括风景名胜区，国家级文物保护单位，历史文化名城、名镇、名村以及历史文化街区。此中最无争议的一种文化景观遗产便是历史园林。风景名胜区作为七大类自然保护地中最早且又富有中国特色的一个类别，除了具有国土自然资源精华特性以外，还因我国人居环境密集和人文积淀深厚而富含文化景观，故而绝大多数风景名胜区均具有文化景观遗产特性；历史文化名村、名镇一般由聚落发展而来，本身就是文化景观研究最早的三大主题之一，故而也属于文化景观遗产；而我国文物保护单位中的建筑类和遗址类文物不少都显示了其独特的土地利用方式和地域性工程营造技术，这些遗产也可被视为文化景观遗产。所以，尽管我国没有独立的文化景观遗产保护类别，但文化景观遗产的数量却非常丰富、庞大。

张良皋先生因其深厚的文化底蕴及长期深耕华中地区，使他在该地区文化景观遗产领域有诸多建树。现鄂西北地区的纳入各类遗产保护体制中

---

① 郭万平．世界自然与文化遗产［M］．杭州：浙江大学出版社，2005：07.

② 李和平，肖竞．我国文化景观的类型及其构成要素分析［J］．中国园林，2009(02)：90－94.

③ 单霁翔．走进文化景观遗产的世界［M］．天津：天津大学出版社，2010：64.

的文化景观遗产，很多都与张先生前期的研究有关，可以说这些文化景观从鲜为人知的边陲角落而成为闻名遐迩的景观遗产，张先生作为文化景观遗产“鉴宝人”的角色功不可没。与我国遗产保护体制存在文化景观遗产缺失一样，张先生也从未以文化景观遗产的概念来概括其相关的研究，文化景观遗产也属于张先生学术生涯晚期才出现的新概念，故而本文所谓的“张良皋文化景观遗产思想”，仅是笔者以文化景观遗产的视域来归纳、分析张先生符合该视域的文化与自然遗产思想。毕竟文化景观遗产作为一个后起的遗产分支，张先生受时代局限而未有“跟风”，但其实质内涵，张先生却早有所悟，并先知先觉地将其融汇于其遗产保护思想之中。下面从价值发掘、遗产保护和遗产利用三个角度，对张先生曾研究过的文化景观遗产案例中所体现的思想进行分类解读，分类的方式则以李和平教授的研究为依据。

4.3.1 基于形胜认知的土司堡寨类遗产

土司城是土司堡寨类遗产的最高等级形式，作为土司制度的代表物证，反映了西南地区特定历史阶段，享有高度自治权力的土家族统治阶层凭借山河之固，重视安全防御的生存理念。武陵地区山川盘纡，林壑幽深，为营造这种封建宗法堡垒和安全藩篱提供了先天条件，很多土司堡寨正是充分利用地形之便建立起固若金汤的防御体系，这使该类堡寨富含文化景观特性。土司堡寨这种独特土地利用方式和营建格局引发了张先生的浓厚兴趣，这些土司堡寨也因张先生的持续研究而引起社会的普遍关注，从而促成它们进入各类遗产保护体制，其中最著名的便有唐崖土司城遗址、容美土司城遗址和恩施老州城遗址。

（1）筑城以卫君：唐崖土司城遗址

2015 年 7 月，在德国波恩召开的联合国教科文组织第 39 届世界遗产委员会会议上，唐崖土司城遗址和湖南永顺土司城遗址及贵州播州海龙屯遗址一道被成功列入《世界文化遗产名录》。世界遗产委员会认为：“这些遗址是对早期的少数民族管理制度的特殊的证明，清楚地展示了中国西南地方民族文化与中央政府之间所形成的民族认同以及人文价值观的交流。"① 上述评价表明唐崖土司城遗址满足了世界文化遗产第②、③条评价标准，即对建筑、技术、古迹艺术、城镇规划或景观设计的发展产生重大影响，是一种业已消逝的文明的特殊见证。虽然唐崖土司城以文化遗产的身份入遗，但其中文化景观遗产的属性也很丰富，因为土司城汇集了山地防御、行政管理、家族墓地、居民生活等多种社会职能，土司城的选址、整体布局、建筑形式和材料工艺根植于地域条件，是土家族独特栖居经验和生存智慧的结晶，显示了土司管理制度和地域文化与自然环境的相互影响。

张先生对唐崖土司城的研究由来已久，1983 年 4 月第一次重返鄂西便考察了唐崖河土司城遗址，其后八次造访此地。他于 2000 年在《地理知识》杂志上发表《没落的唐崖河土司城》一文，从历史沿革、地形环境、城池格局、现存遗构、民居结构形态几个方面展开研究，这对唐崖土司城遗址入选世界文化遗产与进入国家文物保护单位产生了重要影响。由于张先生的持续跟踪研究和大力宣传推介，唐崖土司城逐渐引起更多学者的关注，2006 年被列入国家重点文物保护单位，2015 年被列入世界文化遗产保护名录。

张先生对唐崖土司城遗址的研究更接近文化景观遗产的视角，这首先体现在张先生对唐崖土司城池选址和布局的深入解读。土司城坐落于唐崖河西岸的一个山坡上，坐西朝东、背山面河；玄武山林木蓊郁，形成很好的屏障，城前明堂显豁，田畴平旷，为居民提供食物来源；唐崖河作为玉带水环绕东、南、北三面，并与北面的碗厂沟、南面的贾家沟一道形成天然的护城河，也为城内提供水源，生产、生活与外界商业来往都比较便利。张先生认为这种城池选址比较巧妙，充分利用了原有山水格局，因势利导，实现了安全防御、生活、生产、祭祀、贸易多重功能。其街巷布局大量吸收中原城市的特点，将官署区设置在城池中心，居住区沿周边布置，体现了“皇权中

① 联合国教科文组织世界遗产中心网．土司城［EB/OL］.2015. http：//whc.unesco. org/.

轴”和“筑城以卫君”的思想。张先生对唐崖土司城遗址的环境分析与世界遗产委员会1992年对文化景观遗产“自然与人类的共同作品”的定义基本一致，也与世界遗产评价标准整合后的第⑤条高度契合，即代表了一种土地开发利用的杰出范例，是人与环境相互作用的结果。这显示出张先生对文化景观具有敏锐的洞察力。

（2）溇水一脉：容美土司城遗址

张先生研究土司城时，并未把唐崖土司遗址当作一个孤立的样本看待，而是放到一定的地理脉络中考察其在宏观地理环境中的分布规律，这更凸显了其文化景观的视角。他以武陵山区的河流为线索与其他土司城遗址作横向类比，他说：“这与永顺土司由酉水入沅江，容美土司由溇水入澧水，施南土司由清江入长江，同属大势所趋。”① 由此说明每条大河均可养育出一个有影响力的土司。1993年张先生便考察了容美土司城，对九峰桥土司碑的破坏深感惋惜；2001年出版的《武陵土家》考证了清人顾彩《容美纪游》一书中所记录的容美风物。在张先生研究的推动下，2006年容美土司城遗址也被纳入第六批国家重点文物保护单位。文物局认为容美土司遗迹从多个角度反映了土司制度和土家族社会的政治经济文化面貌，在民族学、社会学和历史学等方面具有重要的研究价值。

容美土司城是鄂西最大的土司遗址，遗迹主要包括屏山爵府、司署遗址、南府遗址、万全洞、九峰桥万人洞、情田藏书洞、容美土司家族墓地等多处，其中最大的屏山爵府遗址位于县城容美镇东10余公里处的屏山寨上，为明万历年间所建。屏山爵府遗址现有大堂、二堂、阅兵台、跑马场、花园、土牢等遗存；城西悬崖上的山洞，是土司田舜年藏书之地；洞侧的炮台、碑记至今可见。张先生认为容美土司城也是在特殊的历史背景下，土家族自治政权利用地形建造的防御堡垒，综合了行政、祭祀、生活等多种功能，反映了土家族人的生存理念和独特营造技术。张先生这些评价与世界遗产委员会最初给文化景观遗产“自然与人类的

① 张良皋．武陵土家［M］．北京：三联书店，2001：32.

共同作品”的定义相近①，也与世界遗产第④条评价标准的含义特别吻合，即是一种建筑或景观的杰出范例。由此可见，土司城这一景观独特的形式及其文化价值很早就引起了张先生的注意，如果把张先生列举的这几个土司城的兴盛和相关的水系关联起来，则呈现如下线索（表4-3）。

表4-3 武陵地区土司城与水系之关系

唐崖河土司城	永顺土司城	容美土司城	施南土司城
唐崖河—乌江	酉水—沅江	溇水—澧水	清江—长江

（资料来源：作者根据张良皋书中内容整理）

容美土司城遗址未与唐崖土司城遗址等一道入选世界文化遗产名录实属遗憾，张先生对此亦是耿耿于怀，故而他对鹤峰县组织的与容美有关的学术活动甚为在意，并一呼百应。就在他去世前60天，即2014年11月14日，他还兴高采烈地与女婿一道参加了鹤峰举办的容美土司文化论坛，容美之行也成为老先生毕生参加的最后一次学术活动。容美成为张先生风景园林学术思想的“绝唱”，这为容美增添了文化景观内涵。但愿不久的将来，容美土司城遗址也会如张先生所愿入遗。容美是有这个实力冲击世界文化遗产的，如此，容美便可为张先生的文化景观思想画上一个圆满的句号，我们期待着这一天。

（3）军事要塞：恩施老州城遗址

2006年施州旧城遗址和唐崖河土司城遗址、容美土司城遗址一道作为遗址类文物被纳入全国第六批重点文物保护单位，其价值体现在结合山地地形的城池选址具有古代山区城池的标本意义。该城的城门没有瓮城，且四城门不对称，独特的城墙形制和街巷格局都显示了与地形的高度结合；施州古城见证了宋代抗元的历史和恩施地区民族社会发展的过程。按李和平教授和单霁翔先生的文化景观分类标准，恩施老州城属遗址类文化景观。湖北省文物局对其评价是：“恩施老城遗址是南宋时期施州的重要军事驻地，是抗元斗

① 单霁翔. 从文化景观到文化景观遗产的世界（下）[J]. 东南文化，2010（03）：7-12.

争的军事城堡遗址。"[①]该价值的认定便有张先生的重要功劳。

张先生对恩施老州城遗址的研究由来已久，1983 年 4 月便在林奇先生的陪同下考察过此地。老州城地处恩施城东 15 公里处，宋开庆年间谢昌元移州城于此，此地属于高台地垒式地形，四面悬崖峭壁，只有南面一条大路和北面一条小路与外界连接。城址海拔高 1100 米，高出现恩施城 700 米。山形像椅子，宋朝典籍中称其为"椅子山"。山顶中央是一块相当完整的小盆地，保证山上水源供应。这是绝佳的军事要塞和城防堡垒地形，也是张先生所说的悬圃模式的一个典型范例。张先生说，"中国古城废墟多矣，像恩施老州城之选址，十分罕见，四周之险峻，即使不是一夫当关，敌人也休想爬上来"[②]。为考证老城址卓越的防御功能，他查阅了《宋史》和《元史》中有关该城的历史资料，史料记载在南宋朝廷降元以后，恩施守城将士孤军奋战抵抗元军的进攻坚持了十七年，这充分表明了该城选址的高明之处，同时也反映了土家先民孤胆英雄式的民族气节。张先生对这段历史不惜浓墨重彩地详细描述，表达了对民族英雄的崇高敬意。他觉得恩施老州城是绝佳的爱国主义教育基地，把弘扬爱国主义精神作为考量人文景观的一个标准，也是张先生独具慧眼之处，显示了他高屋建瓴的思想境界。

老州城另有一名称为"柳州城"，张先生运用训诂学的方法考证"柳"为"老"字的音转。在巴楚地区，被称为"柳州城"的"老州城"，恩施古城并不是孤例，汉水河谷的上津古城也被当地人称为"柳州城"。张先生推测巴楚地区很多名为"柳州城"的地方大概都是老州城音转的结果，而这样的老城在巫巴山地的峡江之中一度到处可见，当今的逢河筑坝却使该类城市成为稀缺的资源，恩施老州城便是幸存的"柳州城"之一。

（4）悬圃仙都：鱼木寨

鱼木寨是2006 年国家文物局公布的全国第六批重点文物保护单位，也是2014 年第六批中国历史文化名村，在文物保护体制内属于建筑类文物。根据

---

① 湖北省文化和旅游厅网．施州城址［EB/OL］．2019－06. http：//wlt. hubei. gov. cn/.

② 张良皋．武陵土家［M］．北京：三联书店，2001：30.

李和平教授和单霁翔先生对文化景观遗产的分类标准，鱼木寨属于典型的聚落文化景观。文物局的评价是："鱼木寨是一座集政治、军事、文化为一体的土家族山寨，对研究土家族历史、建筑具有非常重要的意义。"①

图4－3 鱼木寨

（图片来源：http：//image. baidu. com/）

鱼木寨位于利川去万州途中的谋道镇境内，东距利川市区61公里，明清之际为土司军事要塞，改土归流后为土家族聚集地。根据张先生的描述，因其平面形态像一尾充满动感的"鱼"而得名。山寨处在一个狭长的台地上，三面绝壁，南面以一道不足两米宽的类似黄山"鲫鱼背"似的山梁与外界连接，寨门端庄古朴，保留完好（图4－3）。北侧"鱼头"处为一悬崖，有一处卡门与外界连接，曰"三阳关"。下山的阶梯是在悬崖上凿出来的，张先生形容其险峻的程度不亚于华山的"千尺幢"。第三条路更加险峻，名叫亮梯子，是在绝壁上凿孔楔入悬臂式石踏步做成的。山顶面积近6平方千米，居住着500多户土家族山民，其建筑多就地取材，采用青石建造而成，保留了原汁原味的地域特色。此外，这里还有数十座石雕精湛的古墓，豪华的墓葬和素雅的民居形成鲜明的对比，显示出居民对今生和来世并重的古老信仰。

1992年7月29日—8月1日，张先生在利川鱼木寨逗留了四天，专门写了一首诗记述此地的地形特征和历史文化："四崖陡峭，孤寨浮空。鸡鸣天上，犬吠云中……咸池雨泽，悬圃田庐。廪君旧国，望帝仙都。"② 张先生认

① 湖北省文化和旅游厅网．鱼木寨［EB/OL］．2019－06. http：//wlt. hubei. gov. cn/.

② 张良皋．武陵土家［M］．北京：三联书店，2001：54.

为鱼木寨这种高台地垒式的地形环境在鄂西非常普遍，张先生实地考察所得出的结论后来也被其弟子万敏教授运用现代地理信息技术所证实。张先生认为“悬圃”范式代表土家族的一种典型人居环境，而鱼木寨又是悬圃范式的鲜活样本。山寨的选址充分利用地形条件，实现生活与防御的双重功能，创造了诗意的生活空间，其豪华的墓葬形式反映出土家族古老的信仰；其关隘、栈道、悬梯保留了古老防御技术。张先生对鱼木寨的评价与世界遗产委员会最初对文化景观遗产“自然与人类的共同作品”的定义相契合，而该评价也成为其被列入全国重点文物保护单位的重要依据。

（5）高墙峻台：大水井

大水井位于利川市区西北 47 千米的柏杨坝镇域，背靠寒池山系的高仰台，由李氏宗祠、李氏庄园和羊头坝宅院三大建筑群组成，分别建于清道光和光绪年间，总建筑面积 1.2 万平方米。1983 年以后，张先生曾多次带学生到此考察测绘。立足文化景观视角，张先生对李氏祠堂的选址很是欣赏。祠堂靠近一处龙桥，这也是溪流下行通过的天生桥，夹溪两片绝壁，刀劈斧砍，奇险无比；祠堂利用地形，依山而建，石墙上有堞垛和炮眼，高墙峻磊，俨然一座城堡要塞；只是水井在院外，曾被敌人封锁，后吸取教训，将院外石井用 1 米多厚的石垣保护起来，地名由此被改为“大水井”①（图 4-4）。李氏祠堂主体建筑前后三进，东西皆有跨院，从大木作到装饰都很精彩。庄园距祠堂 150 米，有大小房间 100 多间，20 多个天井，整个建筑错落有致，工艺精巧。

① 张良皋．武陵土家［M］．北京：三联书店，2001：57.

图4－4 大水井

（图片来源：http：//image. baidu. com/）

张先生认为大水井是国内保存最为完好的土家族地区的汉族山寨之一，建筑选址充分利用地形条件，综合了安全防御、祭祀和生活等多重功能，融合中原合院、鄂西干栏和徽派马头墙，甚至西洋柱式等的多种技术和风格，见证了鄂西边陲地区近代家族“民防”的历史以及民族地区建筑文化交流的过程，具有极高的文化景观价值。张先生对大水井的评价与《中华人民共和国文物保护法》第二条和十三条的规定相吻合①，也与文化遗产评价标准第⑤条之“代表一种文化或人类与环境的相互作用”的精神相近。张先生认为这类建筑在一定程度上也反映了近代鄂西的社会历史风貌。近代史上，由于中央集权统治暂时解体，边陲治安环境恶化，当地的乡绅望族，出于保护财产的需要，在建筑外部环境追求安全防御的堡垒意识，通过宣示自己的实力，消除潜在的安全隐患；在建筑内部空间追求秩序化的观念，维持长幼尊卑的家族伦理。在张先生和利川文化局谭宗派先生的研究推动下，2001 年大水井入选国务院公布的第五批全国重点文物保护单位。

谈起张先生对鄂西文化景观遗产的贡献，离不开深耕鄂西的另两位学者，一位是恩施博物馆原馆长林奇先生，另一位便是利川文化局谭宗派先

① 曹昌智，邱跃．历史文化名城名镇名村和传统村落保护法律法规文件选编［M］．北京：中国建筑工业出版社，2015：4－5.

生。每逢张先生到达鄂西，只要可能，他们俩均全程陪同，且极力引荐，并相互探讨，故而张先生很多观点在某种意义上是他们之间思想碰撞的结果，因此，在此谈论张先生对鄂西文化景观遗产以及后文的自然遗产贡献时，离不开这两位学者对张先生的支持和思想启迪。

4.3.2 基于人居模式认知的历史文化名村类遗产

张先生对鄂西类文化景观的研究始于聚落，在 20 世纪 90 年代有关干栏建筑的两个国家自然科学基金课题研究过程中，张先生跑遍了武陵地区的每个角落，对该区的干栏聚落分布、人居环境营造特点及保护现状了如指掌，这其中经张先生研究发掘而进入历史文化名村保护体制的除上文的鱼木寨外，还有彭家寨和庆阳坝。下面对其相关遗产思想进行解读。

（1）桃源仙居：彭家寨

彭家寨地处土家族母亲河之一的酉水源头，位于国家级自然保护区——七姊妹山的缓冲地带。由于相对封闭的环境，这里成为宣恩干栏聚落保留最为集中、最为完好的地方。两条山脉自东北向西南绵延，形成一个曲折狭长的谷地，龙潭河贯穿其中，一些传统聚落如曾家寨、汪家寨、唐家坪等沿河两岸分布，而彭家寨是其中的佼佼者。张先生来这里考察时曾描述彭家寨的环境："从沙道沟经两河到龙潭一线……从龙潭到布袋戏、经咸池、将军沟到沙道沟也是精彩之区，可以说是宣恩土家民居的一圈项链，而彭家寨无疑是这项链上最光彩照人的明珠。"① 2008 年彭家寨入选全国第四批历史文化名村，2013 年进入第七批全国重点文物保护单位。文物局对彭家寨的评价是："彭家寨从聚落的选址布局、植被配置到单体吊脚楼的建造，体现了土家族的文化及生活方式和建筑与环境的和谐关系。"②

张先生认为彭家寨选址非常巧妙，其地形环境体现了中国古代的一种典型的栖居范式——桃源模式（图 4 - 5）。滨河地带开阔的平坝是龙潭河转弯处形成的肥沃冲积扇，腐殖质和风化层沉积深厚，土壤肥沃，靠近水源，最

---

① 张良皋．武陵土家［M］．北京：三联书店，2001：87.
② 湖北省文化和旅游厅网．彭家寨［EB/OL］．2019 - 06. http：//wlt. hubei. gov. cn/.

适合进行农业生产，被村民作为农业用地优先予以保留；聚落围绕八大公山山脚的马蹄形地台坐北朝南布置，这既避开了洪水的侵袭，也有利于通风、采光和排水，保证了聚落内部空间的干爽和卫生；干栏建筑结合地形高差采用下部架空的形式，形成了丰富的空间形态，创造了立体化的内部交通；背后的八大公山可以屏蔽冬季的寒风，山上浓郁的森林构筑起一道预防水土流失、滑坡、塌方等地质灾害发生的生态屏障。张先生认为这种选址和布局显示了土家族避开平坝建房造物的习俗和生态节制理念，体现了资源节约和优化配置的原则，与麦克哈格的生态规划理念高度吻合。从风水学和美学的角度分析，张先生认为聚落的选址也非常合理，后面的八大公山作为座山为聚落提供了统一的衬托背景，前面的马蹄形台地成为开阔的明堂，龙潭河为玉带水环绕其前，由吊桥作为走廊与外界保持联系，河对岸有山体作为案山和朝山与八大公山形成对景。这种空间格局引发了张先生对中国古人栖居理想、栖居模式的深层思考，成为张先生桃源人居环境范式的原初脚本。张先生曾有诗描述彭家寨的人居环境模式：“未了武陵今世缘，频年策杖觅桃源；人间幸有彭家寨，楼阁峥嵘住地仙。”①

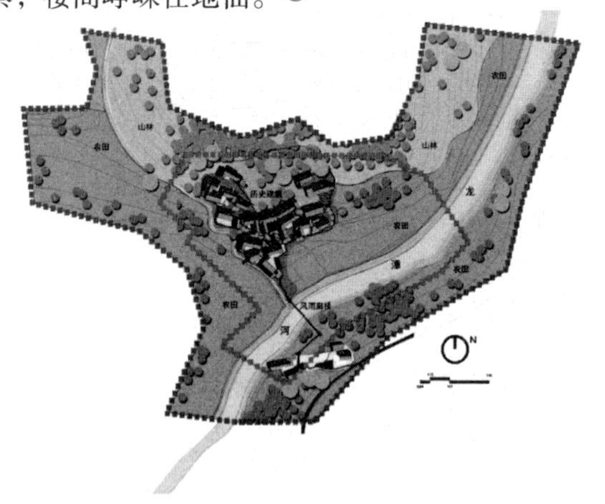

图 4－5　彭家寨历史文化名村保护规划总图

（图片来源：赵军绘）

① 张良皋．闻野窗课［M］．武汉：湖北联中建始中学分校校友会，2005：83.

彭家寨除了聚落环境呈现完整格局外，张先生认为其历史街巷和古建筑也保留相当完好，街巷虽不宽阔，但弯弯曲曲的石板路，隐隐约约地显现于吊脚楼之间，相当富有历史感和生活气息。由于彭家寨是利用山坡脚部的地形环境建立起来的，为了适应地形环境的变化，干栏式与井院相结合，呈现出灵活多样的形式，不仅照顾到立面，而且充分发展了平面（图4－7）。张先生认为，这些建筑不仅具有一种美学价值，主要体现了一种灵活的土地利用技术，节约了平坝土地资源，创造了立体的生活空间，反映了人地和谐共生的理念。张先生为，“如选湖北省吊脚楼群的头号种子选手，准定该是宣恩彭家寨”①。综览张先生对彭家寨的评价，与1992年世界遗产委员会认定的文化景观遗产的第二种类型的评价标准基本吻合，即它属于有机进化景观，通过和周围自然环境相联系、相适应而发展到今天的形式②。也与世界文化景观遗产评价标准的第⑤条相呼应，即是传统居住地土地开发的杰出范例，代表了人类与环境的互动③。

图4－6　张良皋在彭家寨考察

（图片来源：万敏提供）

① 张良皋．武陵土家［M］．北京：三联书店，2001：87.

② 郭万平．世界自然与文化遗产［M］．杭州：浙江大学出版社，2006：7.

③ 郭万平．世界自然与文化遗产［M］．杭州：浙江大学出版社，2006：4.

图 4－7 彭家寨外景

（图片来源：作者拍摄）

张先生对彭家寨文化景观遗产的保护思想还体现在他的言论中。其要点有两个，其一是保护聚落整体的生态环境，包括聚落外围的森林、溪流和梯田。他认为这是干栏聚落文化景观遗产的一部分，反映了土家族独特的土地利用技术和生态节制观念，具有人居环境活化石的意义，这与2005 年世界遗产委员会《西安宣言》中有关保护遗产周边环境的精神相吻合。其次是保护原汁原味的干栏建筑，不要建造与环境极不协调的现代建筑，即使出于旅游开发的需要，其新建筑数量和规模也要严格控制，并应远离核心保护区，且必须采用干栏建筑的形式。张先生的保护思想作为一种指导性原则在万敏教授主持的彭家寨历史文化名村保护规划项目中得以落实，该规划对推动彭家寨入选国家级历史文化名村曾产生过重要作用。为纪念张先生在彭家寨文化景观发掘与保护中的贡献，2015 年 7 月张良皋纪念馆在彭家寨落成，这也成为张先生文化景观研究学术成果的一个见证（图 4－8）。

图4－8 彭家寨张良皋纪念馆落成典礼

（图片来源：万敏提供）

（2）凉亭商街：庆阳坝

庆阳坝由于完整地保留了土家族凉亭街的形式，2010年进入中国第五批历史文化名村名录，与彭家寨一样也属于聚落型文化景观。庆阳坝村地处宣恩县椒园镇西北部，集镇形成时间最迟可以上溯到宋代，明朝时归覃氏施南土司所辖。庆阳坝镇是朝贡物资采集地，回赐的食盐经由“盐花古道”，运抵鄂西地区，成为省际边贸集市中心，民族建筑和商居铺店交融，民俗事象与商旅文化辉映，凉亭街日渐鼎盛。

庆阳坝村地处三山围合的小平坝上，南侧为福寿山，西侧是花椒山，东北方是桐子坳。来自西北方的鹿角坡溪与来自西面的土皇平溪在平坝中间的凉亭桥处合流成一股向东流去，二溪合流后名为老寨溪，老寨溪和土皇平溪两条溪流连接而成的“C”字形水系紧紧环绕在福寿山北侧的山脚，庆阳坝主街道便分布于老寨溪和土皇平溪所形成的“C”字形水系与福寿山脚之间的狭长地带（图4－9）。这里的地形环境明显比彭家寨复杂，其中的水系紧贴山谷一侧的山脚流淌，而聚落选址恰恰在河流靠近山脚的一侧布置。张先生认为，这种布局方式充分体现了土家先民对平坝肥沃土壤资源的珍惜及其生态节制理念，这与习总书记讲的“取之有度，用之有节”① 高度契合。其次也有利用河流航运发展商业贸易的因素，在地形条件限制下，协调了农业生产和商业贸易两种活动。

图 4－9 庆阳坝地形环境

（图片来源：赵军绘）

张先生对这里的凉亭街、燕子楼、过街楼比较感兴趣，他认为正是这种极富创造性的建筑形式为农业生产用地节约了空间。当地居民利用穿斗式建筑结构灵活的特点以及板凳挑技术，扩大沿街房子的进深和出檐，形成檐搭檐、角接角的凉亭式街道空间（图 4－10）。这种建筑布局既回应了武陵地区多雨和高温的天气，也拓展了临街的商业空间。建筑临街一面作商铺，背水一面建成吊脚楼，作为家庭生活空间，形成了公私分明的活动区域。凉亭街的两端还有燕子楼和过街楼，构成具有中庭意味的商业集散空间，产生了乡土“建筑综合体”的效果。由于庆阳坝老街的建筑比较集中，全部为木结构，街巷空间相对封闭，张先生对其中的排水和消防技术也比较好奇，曾专门考察其排水设施，如水枧和大水缸等。

张先生认为庆阳坝凉亭老街是我国现存最完整的具有古代遗风的土家族街市之一，保持着当地民族生活的原真性②。凉亭街充分利用地形限制条件，巧妙地回应了逼仄的地形环境和夏季极端的气候条件，营造了舒适的商业环境和温馨的生活空间，显示出一种极具智慧的土地利用形式和乡土建筑营造

① 习近平. 共谋绿色生活，共建美丽家园［N］. 人民日报，2019. 04. 29.

② 汪盛华. 庆阳老街是现存最完整的土家街市［N］. 恩施日报，2007. 08. 15.

技术。作为与山水环境高度融合的边陲商业古镇，见证了盐商文化对边陲农耕文化濡染的历史，至今仍显示出持续发展的活力和生机，具有较高的文化景观遗产的价值。

图 4－10 庆阳坝凉亭老街

（图片来源：作者拍摄）

张先生对庆阳坝的保护思想同样通过万敏教授主持的《庆阳坝历史文化名村保护规划》得到落实。2008 年万敏和赵逵两位教授带领的团队承担了该任务，张先生是规划顾问。在该规划的建设指导下，庆阳坝于2010 年进入国家历史文化名村名录。作为西南地区为数不多的凉亭街遗存，庆阳坝极具冲击世界文化景观遗产的潜力，如果到了入世遗的那一天，我们更会庆幸张先生的先见之明。

4.3.3 基于自然与人文交互认知的山水胜境类遗产

在 2007 年召开的“宗教·建筑·胜景”艺术论坛大会上，《华中建筑》杂志社记者徐倩采访张先生时，张先生曾就“园林”“景观”“胜境”几个风景园林学的概念进行过甄释解读。他认为“园林”是客观属性的描述，“景观”是一个令人愉快的地方，而“胜境”则包含有心灵方面的内容，使人的情感得到升华和提纯①，故而“胜境”的文化内涵更丰富，其中体现了

① 张良皋．张良皋文集［M］．武汉：华中科技大学出版社，2014：2.

人类文化与自然要素的互动特性，这与“文化景观遗产”和“风景名胜区”所界定的概念范畴比较近似。“胜境”也是张先生考察景观的一个惯常视角，鄂西地区经他研究推介而闻名遐迩的山水胜境类文化景观遗产便有武当山、石柱观、连珠塔。下文对这些案例中张先生的文化景观遗产思想分别给予解析。

（1）太岳阿房：武当山

世界遗产《操作指南》并非静止不变的，它根据《世界遗产公约》的精神和文化遗产保护的实践一直在不断进行调整和完善，并逐步扩充世界遗产的类型，使其能够代表不同方面的突出普遍价值。1977—2017 年共产生过 28 个《操作指南》的不同版本①。在可持续发展的背景下，从重视单一文化要素转向重视文化与自然相互作用的综合要素；从重视艺术、历史价值转向重视人文地理学、人类学、生态学的综合价值；从保护优势文明成果转向保护地域特色文化。单霁翔先生曾经说过，原先中国以文化遗产或自然文化双重遗产入围的很多世界遗产，如果现在予以提名都可以归入文化景观遗产的范畴，这其中就包括武当山②。事实上，武当山也是世遗组织未使用文化景观遗产标尺，而通过文化遗产标尺来衡量的最后一批世界文化遗产。

在上一章中我们已从景观建筑的视角分析了张先生对武当山历史园林建筑的研究及其思想，而张先生对武当山文化景观遗产属性的认识也有很多真知灼见。他最为赞赏并深入揭示过的便是武当山古建筑群与山形地势之间的关系。武当山地形环境独特，主峰巍立中央，群峰拱卫四周，其“七十二峰朝大顶”的格局在中国的风景名胜区中是独一无二的。武当山道观园林建筑号称 9 宫 8 观 36 庵堂 72 岩庙，规模庞大，品类繁多，把如此繁多的建筑妥帖地安置于峰、峦、岩、岭、崖、涧、岗、坡等复杂地形之间，绝非易事，但是武当山的道观园林建筑却完美地解决了这一难题，其整体布局与地形环境高度和谐统一。一方面其建筑选址依据风水学原则，结合峰、峦、岩、

① 史晨暄．世界遗产四十年：文化遗产“突出普遍价值”评价标准的演变［M］．北京：科学出版社，2019：9.

② 单霁翔．文化景观遗产保护的相关理论研究［J］．南方文物，2010（01）：1－12.

岭、岗、坡的地形转换，形成藏风聚气、起伏照应、疏密相间的美学效果；另一方面又遵循皇权和道教的典章规制赋予建筑以人伦等级秩序，虔诚地配合了“七十二峰朝大顶”的山水格局，形成“定一尊于天庭”的效果。张先生认为设计师参透了地形中的玄机，赋予每栋建筑以各得其所的位置，使建筑与地形环境相得益彰。上述张先生对武当山道观园林建筑布局中人地和谐关系价值理念的发掘，与1992年文化景观遗产类型产生之初世界遗产委员会对文化景观遗产是“自然与人类的共同作品”的描述高度吻合，也与2005年世界遗产委员会对世界遗产评价标准整合的10条标准中第⑤条之“文化与环境相互作用”的描述高度相关。故而张先生立足文化景观对武当山进行的遗产价值发掘研究在世界遗产领域是相当超前的，也为武当山的入遗做出了重要贡献。

另外，张先生还注意到武当山道观园林建筑与宗教和文化的联系，这也是文化景观遗产评价的重要标准。文化景观遗产的第三种类型即文化关联性景观，该类型景观以与自然因素，强烈的宗教、艺术或文化相联系为特征。张先生认为武当山对中国道教文化产生了重大影响，不是道教选择了武当山，而是武当山的自然环境孕育了道教文化。武当山“七十二峰朝大顶”的格局，形象地体现了人间的伦理关系，实现了天人对话，使武当山具有了先天的神性，这种神性启发了道家登峰造极思想理念。武当山的建筑群配合了自然地形所赋予的等级秩序，又对扩大道家文化的声威产生了重大的影响，故而道教把武当山当作朝觐的圣地。他说：“道教之‘朝武当’，无异于回教之‘朝麦加’，基督教之‘朝耶路撒冷’，我们若说武当山曾一度是世界朝圣中心之最，委实无可争议。”① 另外，张先生还揭示了武当山作为庸国的“玄武”与巴文化的历史渊源。他提出的武当山与宗教文化的联系及对区域信仰影响的观点丰富了学术界对该山文化景观价值的认识，从而充实了武当山文化景观遗产的价值内涵。

张先生有关武当山文化遗产的保护思想见诸他的言论之中。张先生反对

---

① 张良皋．张良皋文集［M］．武汉：华中科技大学出版社，2014：122.

野蛮粗俗的“修缮”，不赞成草率拙劣的“复建”，他认为“遗址”本身就是“遗产”，不容许随意乱建来破坏遗址，这与《威尼斯宪章》中的保护精神相吻合。从张先生的言论中可以看出两种思想倾向，其一，要保护遗产周边整体环境，不要随意增添不伦不类的新建筑；其二，即使要修缮，也要追求修旧如旧的效果，而不是用恶俗艳丽的色彩去迎合世俗的趣味。其中第一条反映了2005年国际古迹遗址理事会第15届大会《西安宣言》的精神，强调保护和延续遗产建筑物或遗址及其周围环境，减少旅游开发或其他产业经营对文化遗产真实性和整体性所构成的威胁①。《西安宣言》的重要意义在于提出了遗产存活环境的价值，单体的文物固然重要，整体性的历史环境则具有文化生态的意义，提供给人的精神记忆更加强烈，因此，“环境”应被认为是体现文化遗产真实性的重要部分。张先生结合武当山对此的认识较世遗组织《西安宣言》早一年，这也说明了张先生思想的超前性。

1994年武当山道观园林建筑群被列入全国重点文物保护单位和世界文化遗产以后，景区曾一度在南岩宫附近大肆建造宾馆等商业服务性建筑，故而在2004年第28届世界遗产委员会发布的121处世界遗产评估报告确定的《濒危世界遗产名录》中就有武当山，这意味着武当山的世界遗产现状遭遇“黄牌警告”。为此，湖北省政府痛下杀手，耗费了巨额资金，把遗产保护范围内的违章建筑统统拆除，张先生即是该事件的主要推动者之一。从该事件中可以看出张先生的遗产保护思想，遗产不是旅游资源和地方政府赚钱的工具，而是整个中华民族的传世珍宝，保护是第一位的。遗产的价值不在孤立的景点，而是与周边自然环境融为一体的整体景观风貌。

（2）龙翔凤翥：仙佛寺

仙佛寺石窟位于来凤县翔镇关口村酉水西岸的峭壁上。该寺以佛龛造像为主，佛龛前原有建筑三层，60年代被拆毁，2012年恢复，2006年被国务院公布为第六批全国重点文物保护单位。造像年代初步断定为盛唐时期。湖

① 曹昌智，邱跃．历史文化名城名镇名村和传统村落保护法律法规文件选编［M］．北京：中国建筑工业出版社，2015：459.

北省文物局的评价是："仙佛寺石窟不仅是长江中游、两湖地区唯一的唐代摩崖造像，造像艺术具有浓郁的中原特色，为研究当时鄂西与中原地区之间和川鄂湘之间的佛教文化、艺术交流提供了重要的实物资料。"①

1992 年张良皋先生就考察了仙佛寺，他认为仙佛寺的摩崖造像比例准确、神态生动，个个都非凡品，显示了佛教文化对两湖地区的影响。关于仙佛寺建造的年代，张先生对文物局给出的结论保持了存疑的态度。仙佛寺始建于咸康元年五月六日，而中国历史上有两个"咸康"元年，一个是公元 335 年，东晋成帝司马衍在位时期，另一个是公元 925 年。张先生还专门写有《来凤佛潭咸康先后之谜》一文对其考证，他认为该寺极有可能始建于东晋的咸康。为了确保论证结果的科学性，他对中国主要石窟开凿的年代进行了时间排序，笔者根据张先生文献中的内容整理如下表（4－4）。

表 4－4 中国主要石窟开凿年代排序表

库木吐喇	克尔孜 38 窟	克尔孜 48 窟	来凤佛潭	敦煌	天水麦积山	炳灵寺	武威天梯山
328 年	310 ± 80 年	235—428 年	335 年	353 年	385—420 年	420 年	401—421 年

（资料来源：作者根据张良皋文献整理）

他认为："就建造年代而言，不论石窟寺或大像龛，来凤佛潭都大有可能乃至确凿无疑是'中国之最'。"② 他推断印度和中国之间的佛教传播路线也不仅只有北线一条，即从印度经帕米尔高原、中亚过河西走廊进入黄土高原，很有可能存在一条南线，即由印度经缅甸、云南入蜀再进入巴楚地区。审视张先生对仙佛寺石窟的研究与世界遗产委员会对文化景观遗产的第三种类型描述相似，即关联性文化景观，以与自然因素，强烈的宗教、艺术或文化相联系为特征③。张先生由仙佛寺摩崖造像建造年代引发的对佛教传播路

① 湖北省文化和旅游厅网．仙佛寺［EB/OL］．2019－06. http：//wlt. hubei. gov. cn/.

② 张良皋．来凤佛潭咸康先后之谜［J］．湖北民族学院学报（哲学社会科学版），2011（02）：125－129.

③ 郭万平．世界自然与文化遗产［M］．杭州：浙江大学出版社，2006：7.

线的推断，具有文化线路的性质。文化线路是2008年世界遗产委员会新推出的一种遗产类型，世界遗产委员会在《行动指南》中指出："文化线路遗产代表了一定时间内国家和地区之间多维度的商品、思想、知识和价值的互惠和持续不断的交流。"而张先生在1993年发表的《八方风雨会中州》一文中就提到中华文化传播的三条古道——岷江走廊、巴山秘径和吕梁陆堤①。这显示了张先生对文化线路遗产的超前意识。根据李和平教授对文化景观的分类，文化线路是文化景观第五大类区域景观中的一个小类，是一种跨区域、以某一文化事件为线索的呈线性分布的系列文化景观。

（3）妙造自然：石柱观

石柱观位于建始县高坪乡，因建于一石灰岩石柱顶端而得名。该石柱位于一开敞的平坝中央，一峰独秀，山势陡峻，山下有洞穴盘旋迂回至山腰，有石阶可通向山顶。山顶古木苍翠，石柱观便掩映在苍松翠柏之间。该观始建于明嘉靖年间，建筑坐北朝南，沿中轴线布置，现存正殿、前殿、耳房、小庙及三通记事碑。

张先生在建始三里坝读高中时便到访过石柱观，石柱观独特的景观给他留下了深刻的印象。1983年4月张先生第一次重返鄂西，又一次考察了石柱观。张先生认为石柱本身就玲珑剔透，妙造自然，柱顶石柱观的选址极富匠心，其造型、尺度与地形环境也极其配衬，令人领略到仙风道骨的感觉，体现了道家登峰造极、轻身远举的修行理念。1983年12月他在《建设施州风景名胜区刍议》的手稿中写道，施州的人文胜迹不但具有高度的历史人文价值，而且都与自然景观水乳交融，石柱观便是一个典型的案例，他说："孤峰秀拔胜过湖口小孤山，玲珑剔透不让桂林象鼻山，建筑之丰纤得体令人想起忠州石宝寨，树木之蟠曲葱茏也赛得过肇庆七星岩。"② 张先生认为石柱观巧妙地利用了地形条件，产生了珠联璧合、画龙点睛的效果。建筑与风景相得益彰，营造出一种空间诗学，产生了1+1大于2的审美效应。张先生对石柱观"人文与自然水乳交融"的评价反映了世界

① 张良皋．八方风雨会中州——论中国先民的迁徙、定居与古代建筑的形成和传播［C］//建筑与文化论文集，1993：114－122.

② 张良皋．建设施州风景名胜区刍议［Z］．手稿，1983－12－09.

遗产委员会对文化景观遗产“自然与人类的共同作品”的定义精神。1992 年 12 月石柱观被湖北省人民政府公布为第三批省级文物保护单位。

像石柱观这样的文化景观，在鄂西地区还有很多，如咸丰青枫坝的尖山、宣恩椒园的晓关、建始的朝阳观和天鹅观，张先生从这些景观中发现一个有趣的现象：这些建筑均属于道教建筑，道家文化追求轻身远举、登峰造极，与佛家文化的深藏幽隐大相异趣，故而宗教作为文化的一种形式，不同的宗教文化施加于地形环境，产生了不同的文化景观特征①。我们大家所熟知的佛教名山中，建筑大多隐藏于山谷之中，而在道教文化名山中，建筑则大多居于山顶。这个发现，反映了张先生对文化景观敏锐的洞察力。

（4）清江枢轴：恩施连珠塔

恩施连珠塔和武圣宫也是张先生关注的对象。恩施连珠塔位于老城东门外清江东岸五峰山主峰龙首山顶，连珠塔与老城内文昌祠、南门外武圣宫隔清江遥相呼应，呈三足鼎立之势，是恩施城和清江航道的鲜明地标，也是观赏恩施城的最佳视点，并且相互间形成良好的对景关系。该塔建于清道光年间，为八角七层仿木结构楼阁式空心砖塔，通高 34.08 米，底边长 1.7 米，牌楼和塔院布置完好，庭中假山为张先生所设计。张先生对塔的选址极为欣赏，他说：“清江大转弯进入峡谷，显然以连珠塔为枢轴，是人工为自然补出的画龙点睛的一笔。”② 由于连珠塔的存在，地形中隐藏的神采得到彰显，人们对地形环境的“完型”心理预期得到兑现。张先生对连珠塔的评价中也隐含了世界遗产委员会对文化景观遗产“自然与人类的共同作品”的含义。1992 年 12 月连珠塔被湖北省人民政府列为第三批省级文物保护单位，2002 年 11 月与连珠塔隔江相望的武圣宫被湖北省人民政府列为第四批文物保护单位。

通过上述案例的分析可以发现，恩施地区的历史文化名村、各级文物保护单位几乎均与张先生有关，在这些文化景观遗产进入保护体制之前，张先

---

① 张良皋．建始旅游资源摭谈［Z］．手稿，2010.

② 张良皋．武陵土家［M］．北京：三联书店，2001：25.

生做了大量的研究铺垫工作，可以说张先生对鄂西文化景观遗产的发掘居功至伟。对张先生的文化景观思想可以从三方面进行总结，即价值发掘、遗产保护和遗产利用。张先生的文化景观遗产价值发掘思想，主要表现为对和谐人地关系的重视，对独特土地利用技术的发掘，对人居环境可持续性发展理念的认同；其文化景观遗产保护思想，主要体现为对遗产及整体环境氛围原真性的重视，他认为文化景观遗产不是一个孤立的个体，周边的自然环境和社会环境是其整体的一部分，它们共同反映了遗产的历史文化价值；张先生的文化景观遗产利用思想，主要体现为泛化、活化原则。他认为文化景观遗产作为一种文化载体和栖居经验可以在现代人居环境中进行推广，推广的内容可以是一种结合土地的生产方式或栖居技术，也可以是一种土地经营理念，还可以解构为符号在城市环境中作为表现历史文脉的手段。受柯布西耶《明日城市》中架空底层创造城市立体交通空间思想的启迪，他提出推广干栏建筑解决洪泛地区的泄洪减灾问题①；面对全球气候变暖、海平面上升的趋势，他提出用蒿排浮游聚落应对南太平岛国被淹没的危险②。这些点滴的言论反映了张良皋先生的一些文化景观遗产利用思想，虽然比较分散，但是我们可以窥斑见豹，一窥张先生文化景观遗产利用思想的精髓。

4.4 张良皋文化景观思想总结

通过前文对张良皋文化景观理论的解读及其遗产案例的分析，笔者本着甄繁就简、秉要执本的原则，从中提炼出张先生文化景观思想的四个内涵，即“堪、源、求、真”。下面以此为纲对张先生文化景观思想进行阐述。

4.4.1 “堪”的思想观

“堪”原意为“可能”和“忍受”意思；在堪舆学中，堪指天道，舆指地道。堪舆学兴起于汉代，三国两晋后便被称为风水学，本意为仰观天象，俯察地理。英国剑桥大学李约瑟博士在《中国的科学与文明》一书中发表过

---

① 张良皋．干栏建筑的现代意义［J］．新建筑，1996（01）：38－41.

② 张良皋．蒿排世界［M］．北京：中国建筑工业出版社，2016：196.

他对中国风水学的看法："风水实际上是地理学、气象学、景观学、生态学、城市建筑学等的一种综合的自然科学……是中国古代的景观建筑学。"① 其宗旨是审慎周密地考察、了解自然环境，顺应自然，有节制地利用和改造自然，创造良好的居住和生存环境，赢得最佳的天时、地利与人和，达到天人合一的至善境界，这其中又蕴含了《易经》的哲学思想内涵。此外，"堪"在辞海大量的解释中，有一条便通"勘"，即踏勘、勘察之意。笔者以为张良皋先生倡导的置身于文化景观的真实情景之中，以古人的视野亲力体验，并擅用堪舆学对文化景观进行分析，由此揭示文化景观构建机理与形成规律的思想方法，用一个"堪"字给予概括甚为恰当，下面对此进行剖析。

首先，张先生在文化景观研究中最为强调和注重的便是对文化景观的亲力体验。张先生认为古人也是人，在真实场景中是可以体悟出古人的意图和意境的。故而他对所关注的文化景观均是一遍遍不厌其烦地亲力亲为，如在武当山的研究中，从 1980 年 6 月 22 日他首登金顶到 2008 年 11 月 16 日他去武当山参加学术会议，其间仅日记记录的亲历体验就有 18 次；对唐崖土司城的研究也是如此，自 1983 年 4 月第一次考察，到 2015 年他去世之前来此实地踏勘共有 8 次。持续不断的反复体验使他对相应文化景观的认识也逐渐深入精进，其思想也从点到线、由线及面而丰富全面起来，如在对彭家寨的研究中，他沿沙道沟、布袋溪一线反复踏勘有十余次，故而提出了该地属土家干栏聚落一圈美妙项链的观点；而在武当山的研究中，张先生也是不厌其烦，不断创造机会寻访周边大量的河流与地区，如南河、堵河、香溪、巫溪、神农溪，以及竹山、房县、南漳、上津、柳林、田家坝等地，并由点及面地建立起对武当山的整体认识。他认为文献和卫星图片判读固然重要，但永远代替不了实地考察，因为对文化景观的感知与评价还须立足于常人的视点，而古人是不可能以盘旋于空中的鸟的视点去感知这些景观的。对文化景观真实尺度的感知，须身临其境，才能获得以人为标尺的真实尺度感，古人

① 李约瑟．中国的科学与文明［A］．王其亨．风水理论研究［C］．天津：天津大学出版社，1992：35.

在创造这些文化景观时，也是立足于对环境无数次体验形成的。张先生总是在有研究心得时，便希望到现场踏勘验证，无研究心得时，更希望到现场寻找灵感。张先生的“堪”也成为其拓展研究视域、开拓研究新领域的一个重要思想工具。张先生后期从事的庸国巴史研究便是由一系列的武当山、神农架研究考察扩大发展而来的，从而为其文化景观研究“堪”出了一片极富成就的新天地。

其次，“堪”也指张先生在认识文化景观，揭示其选址、布局、建造规律时擅用堪舆学原理的思想方法。他用建筑学的语言诠释堪舆学，并总结出四条原则，即安全感、地标性、顺应法则和美学观。这些法则也被广泛应用于其对文化景观的研究中。在研究唐崖土司城遗址、恩施老州城遗址、大水井和鱼木寨时，他首先从安全防御的角度认识城池堡寨的选址，这些文化景观充分利用了地形条件，在远离中央统治、治安环境不良的边陲地区营造出一座座保一方平安的堡垒要塞。张先生认为堪舆学的精髓是顺应法则，主要体现为人与自然环境的和谐互动，武当山古建筑群的布局正是顺应了地形召唤才形成今天的格局；恩施老州城利用椅子山形成了固若金汤的防御体系；唐崖土司城利用唐崖河、贾家沟、碗厂沟和玄武山的围合才形成坚固的城防；桃源模式和悬圃模式响应了地形安排形成了自给自足的人居环境模式；干栏聚落顺应地形创造了岸街、天街、雨街、桥街等丰富的街巷空间；蒿排浮游聚落是顺应大自然的季节性变化而规避洪水侵袭的结果。张先生认为很多具有文化景观性质的世界遗产都具有顺应地形的特征。他认为明十三陵、明显陵的神道都不僵直，随地形地貌转折起伏，均是顺应自然的佳作。他认为乌江的歪尾船，完全是当地船工适应乌江独特弯曲的航道地形而大胆创造的结果。地标性所具有的点景功能作为堪舆学的重要原则也是张先生考察文化景观的重要视角。在对恩施连珠塔、建始石柱观、天鹅观、利川宜影塔的研究中，认为这些建筑选址巧妙，与地形环境珠联璧合、相得益彰，具有与地形环境同构的完型效果，因而产生了明显的点景和地标价值。此外，张先生还经常采用“觅龙、察砂、观水、点穴”的方法来寻觅文化景观中隐藏的“罗城环绕”和“轴线对景”的格局，如在唐崖土司城遗址，张先生发现了其中坐山、朝山、案山、玉带水、青龙、白虎等地形要素；在研究都郢、鄢郢等古城遗址时，他发现了其中坐山、朝山、青龙、白虎的轴线对景关系；在考察庸国的地望时，他发现了其地理风物和后天八卦的对应联系。这些风水学原理其实代表了中国古人理想的栖居模式，反映了人地和谐共生的理念，是古人生存智慧的结晶。

正因为张先生设身处地、不厌其烦地踏勘体验，才使得张先生的文化景观思想观点均合情入境，雅俗共赏，也因为张良皋先生精通堪舆，故而他总能去除名理之虚，重视地理之实，从而建立文化景观的科学地理观，以诠释文化景观营造的奥妙。故而，一个“堪”字便是对张良皋先生文化景观思想的最好总结之一。

4.4.2 “源”的思想观

“源”在辞海中的解释为水流起始的地方，也引申为根源。有源必有流，流指液体的移动运行，也有发展传播之意，流动的轨迹即为脉络。笔者将张先生擅用的文化人类学视角对所研究的文化景观追本求源，将文化景观纳入一个地理框架系统，展示其从源到流发展轨迹的这种思想方法用“源”给予概括，下面对此予以解读。

首先，“源”体现为张先生文化景观研究中爱追本穷源的特点，而深厚的考据学功底使他如虎添翼。在研究蒿排浮游聚落时，为了还原上古时期巴楚地区的地理环境，他考证了大量的历史典籍，如《尚书·禹贡》《诗经·大雅》《水经注》《淮南子·地形训》等，从中发掘出诸如“江汉朝宗于海”“江汉汤汤，江汉浮浮”“悬水三十仞，流沫九十里”“昔吕梁未凿，江淮通流”等古代描写荆楚地区云梦大泽地理状貌的证据。为了求证蒿排在历史上的存在，他从《诗经·国风》中发掘了很多证据，他认为《关雎》中的雎鸠是鸬鹚，河州是簰洲，即蒿排；《王风·扬之水》《郑风·扬之水》《唐风·扬之水》《邶风·新台》《唐风·绸缪》《周南·汉广》《秦风·蒹葭》中的“束薪”“束楚”“束蒲”“束刍”“错薪”“一方”都是指的蒿排。他考证扬雄的《方言》、李肇的《国史补》、苏轼的《鱼蛮子》、陆游的《入蜀记》、孙应时的《沌中即事》、王世贞的《江行纪事》等诸多历史典籍中均有蒿排的记载，由此证明蒿排聚落不是想象中的海市蜃楼，而是一种真实存在。

在研究巴域盐源文化景观时，为考证巴域的盐业开发历史，他查阅《山海经》中有关“巫载”之民的记载，认为这个不耕不织，却能衣食丰足的巫载之国描述的就是巴域。除了历史典籍考证外，他还列举文物证据，最有力的证据便是大溪文化遗址中发现的腌制咸鱼陪葬品和忠县泔井沟古代盐业遗址中发现的大量盐罐。在鄂西干栏聚落环境的研究中，张先生结合历史典籍的考证，总结出中国古人两种理想栖居范式，即桃源式和悬圃式，这两种范式也是中国理想人居环境的原型。由此可知，张先生擅于从文化的源头探求文化景观价值。

其次，张先生在探究文化景观之源的同时，也会顺藤摸瓜，从而整理出文化景观的来龙去脉。为了证明“源”在时间上的起始地位，他总是通过文化发展传播的轨迹来证明“源”的优先性，并由此整理出文化景观呈现出的时空序列。张先生对西南各少数民族地区干栏建筑的时空线索整理便是一例，他发现西南地区干栏建筑的形制从南到北呈现规律性的变化，这些特征又沿地理脉络从南到北呈大致的连续性的逐级演化过程。这种演化是两种建筑文化涵化的结果，反映了中原廊院建筑文化和西南地区架空建筑文化交融涵化的过程。在以庸国为代表的巴楚文化研究中，他以盐源开发的顺序作为华夏文化发展传播的脉络，在巫山、河东、山东、震泽四个盐源中，他认为巫山盐源开发最早，制盐技术的传播也是按上述顺序排列，华夏古文明行进的足迹继而围绕盐源的利用和开发而展开。

此类溯流穷源的思想还反映在张先生对庸国文化与华夏文化探源等的研究中，这使张先生的思想在不知不觉中步入了一个文化景观的新领域，即文化线路及其遗产领域。文化线路作为遗产学的新门类是联合国教科文组织2008年在加拿大魁北克召开的国际古迹遗址理事会（ICMOS）第十六次大会上提出的，而张先生在1993年发表的《八方风雨会中州》一文中就已提出南北文化传播三古道的观点，此后15年ICMOS才提出文化线路遗产的观点，这也是张先生穷源思想对文化线路研究领域的贡献。

另外，用“源”一词来概括张良皋先生文化景观思想精华并非笔者臆断，张先生自己便用“占源四简”来概括其有关文化景观研究的四本书。在《蒿排世界》一书的后记中，他把《匠学七说》《巴史别观》《武陵土家》《蒿排世界》四书合称为“占源四简”，从这四本书中不难看出张先生追本穷源的研究动机。《匠学七说》一书意在探寻中国传统建筑文化的源头；《武陵土家》意在探寻武陵地区自然景观的奥秘和人文景观的来历；《巴史别观》和《蒿排世界》则追溯的是华夏文化的源头，而蒿排聚落为代表的湿地文化则是华夏文化的胚胎期。张先生在上述探源研究中，一直将自己的本行——人居环境的演变作为人地演进关系的表征，由此作为立论的切入点。自然环境所具有的原始人类生存条件是张先生演绎巴楚文明之源的大前提，而文化景观作为一组论据链自然被呈现出来。张先生发掘的文化景观都具有文化源、流、汇的性质，由此衍生出的文化发展演化轨迹便成为一种文化线路，故而张先生的“穷源”，不仅揭示了诸多文化景观的发生、演变规律，而且这些文化景观的时空演化又为人们展现出一幅文化景观的脉络与线路，这些均是张良皋“源”思想的核心与精华。

4.4.3 “求”的思想观

“求”原为探求、追求、求索之意。张先生在文化景观研究中惯用“大胆假设、小心求证”的方法，另外张先生一生坚持不懈、持之以恒、孜孜以求进行学术探讨和研究，笔者用一“求”字进行概括，下面对此予以阐述。

首先，“求”的思想反映在张先生文化景观研究中“大胆假设、小心求证”的方法上。他在《蒿排世界》后记中说：“自己给自己出了题目，能写出多少算多少，身不由己，走上了‘大胆假设、小心求证’的古典治学之路。”① 这与胡适当年的做派一样。张良皋大胆假设的学术思想方法曾用于将代表巴域的庸国文化作为中国文化之源的假设，这个假设大胆新奇，对于奉行黄河文明中心论的学术界产生了石破天惊、惊世骇俗的效果，但其“求”证环节则逻辑严密，丝丝入扣。在论证庸国文化在华夏文化中的先进性时，他首先从人居环境入手演绎论证巴域所具有的孕育远古文明的先天条件，其

① 张良皋．蒿排世界［M］．北京：中国建筑工业出版社，2016：193.

次用归纳推理的方法列举巴域文明的历史证据。而在这些罗列的论据中，每一组论据又呈现为一个纵向演绎的链条，如盐源开发的顺序、沼泽开发的顺序、诗经传播的顺序、楚国的族源谱系等，这使得其求证过程环环相扣、缜密无间。张先生另一个大胆新奇的假设便是把蒿排浮游聚落作为孕育上古文明的水上温床的观点。在论证过程中，他同样先用演绎推理的方法论证湿地环境所具有的远古人类生存的优势条件，再从史籍中寻找一系列的考古证据，两个论证环节类似于莱布尼兹所说的理性真理和事实真理①，二者对其论点完成立体的合围，使其论证结果无懈可击。而演绎论证环节以温度、水源、食物、食盐等人类生存所必需的基本物质条件为大前提，又为论证环节提供了一个坚实牢固的基础。

其次，“求”还反映在张先生持之以恒、孜孜以求的文化景观探求精神上。张先生非常欣赏屈原的一句诗，“路漫漫其修远兮，吾将上下而求索”。文化景观并不像树上的果子等着人们去采撷，而是像深埋地下的根须需要人们去挖掘。张先生这种求索精神在文化景观的研究中表现得非常充分，他始终立足鄂西这块神奇的土地，矢志不移，几十年如一日地深耕。他曾对其开山弟子万敏讲：“湖北的学者，与那些‘胸怀世界’的名校学者不同，要想在某一领域，甚至在世界上产生一定的影响，就须立足地域深挖下去，而这个地方在湖北就是鄂西。”他是这样说的，也是这样做的，鄂西成为他的第二故乡和学术根据地。正如万敏所说，他与鄂西的情缘始于弱冠，直至永生。为了召回那段失落的文明，张先生潜心笃志、心织笔耕，把其学术研究的触角深深地扎根于鄂西这块神奇的土地，尽管现在鄂西已经成为风景旅游的热点地区，但在张先生研究之始，鄂西还是一片鲜为人知的旅游盲区，正是由于张先生的考证、发掘和推介，这些沉睡于深山野隅的历史遗址和桃源仙居才逐渐进入人们的视野，并为世人所熟知。在他“穷追不舍”的研究推动下，大水井、鱼木寨、容美土司城、恩施老州城、彭家寨、庆阳坝等陆续被纳入国家级文物保护单位或历史文化名村，武当山、唐崖土司城遗址进入

① 莱布尼兹．人类理智新论［M］．陈修斋，译．北京：商务印书馆，2016：44－45.

世界文化遗产保护体制。鄂西的这些文化景观之所以有今天，可以说均与张先生锲而不舍的追踪研究有关，是张先生的探求打开了“历史的冰箱”，唤醒了尘封的历史，使处在沉潜渊默状态的文化景观焕发出神采。

再次，张先生“求”的思想还体现在他虚心求教方面。为了探寻席居制的渊源，他向刘敦桢、童寯、卢绳等前辈先生写信讨教，咨询席居制和干栏建筑的关系；为了考证干栏建筑的匠作工艺，张先生亲自到咸丰拜访苗族老匠师龙世强先生；在甲骨文文字学考证方面，张先生虚心求教于武汉大学考古学专家夏渌先生；在武当山的研究中他多次面询朱家溍先生；为考证罗田古代的地理环境与湿地的关系，张先生请教当地学者王葆心先生，发现罗田古称鸠兹，鸠兹即鸬鹚，属于蒿排动物，从而提出了古代罗田也是蒿排云集之地的观点；为了考证荆江的水文特征和田家镇卡口的地质成因，张先生专门向施雅风院士讨教，对荆江的水文特征有了透彻的了解，为蒿排世界的存在提供了有力的证据；为了了解利川的风土、风物，张先生还经常向当地学者谭宗派先生讨教，两人也成为学术上的莫逆之交和挚友。“求”成为张先生拓展文化景观知识、探讨文化景观价值、推进鄂西地区文化景观遗产保护、建立文化景观发展演变框架最主要的思想工具和治学方法。

4.4.4　“真”的思想观

“真”在辞海中的释义有“真实”“确实”“本性”“清楚”之意。“原真性”是世界文化遗产评价的一个最为重要的原则。1964 年的《威尼斯宪章》奠定了原真性对国际现代遗产保护的意义，提出“将文化遗产真实地、完整地传下去是我们的责任”，并对古迹历史环境的保护提出了严格的要求[①]；1994 年 12 月在日本奈良通过了《关于原真性奈良文件》的重要文献，文件在肯定历史场所真实性的基础上，拓展了在不同文化背景下信息来源真

① 曹仓智，邱跃．历史文化名城名镇名村和传统村落保护法律法规文件选编［M］．北京：中国建筑工业出版社，2015：364－365.

实性的内容①。张先生文化景观“真”的思想主要体现在三个方面，其一体现在文化景观的保护方面，要保护文化景观的原始风貌和原汁原味的状态，不能任意添加和改造；其二体现在文化景观遗产发掘和评估方面，张先生强调证据确凿，真实可靠；其三体现为他在文化景观研究之中的性情之真。下面对张先生“真”的思想中的这三个方面分别予以阐述。

张先生“真”的思想首先体现为文化景观保护之“真”。从以下几件事情上可以看出张先生文化景观保护之“真”。1963 年在对国家级重点文物保护单位无影塔搬迁的过程中，张先生是对原塔的每一块砖石逐一编号进行搬迁的，保持了古塔原有的形态，并选择了与古塔相匹配的富有人文气息的自然环境——洪山公园，使古塔和园中原有的历史文化景观相呼应，形成完整的视觉风貌。虽然古塔不属于文化景观的内容，但是这次搬迁工作体现了张先生对待历史人文景观的态度。对于武当山文化遗产的保护，张先生反对野蛮粗俗的所谓“修缮”，不赞成草率拙劣的“复建”。他认为“遗址”本身就是“遗产”，不容许随意乱建来破坏遗址。从张先生的言论中可以看出两种思想倾向，其一，要保护遗产周边整体环境，不要随意增添不伦不类的新建筑；其二，即使要修缮，也要追求修旧如旧的效果，而不是用恶俗艳丽的色彩去迎合世俗的趣味。在 20 世纪 90 年代武当山入遗后大搞旅游设施建设的时候，他就呼吁不要乱建现代人工设施，要保持遗产环境的整体风貌。对历史文化名村的保护，张先生主张保持原汁原味的状态。2007 年张先生去彭家寨考察时，他对当地居民讲：“千万不要再建新建筑了，必须要建，切记采用原汁原味的吊脚楼的形式，旅游服务设施应远离聚落视线之外布置。”②他认为彭家寨的吊脚楼、农田、山林与寨民的生活一道构成的环境，犹如“历史冰箱”，完好地保留了武陵地区的历史风貌，是该地区人居环境的活化石。在考察江汉湿地的时候，他对湿地的退化表示惋惜，他认为应该保持湿地环境自然原生的状态，人类不能武断地干涉自然的演进过程。云梦大泽的

---

① 史晨暄．世界遗产四十年：文化遗产“突出普遍价值”评价标准的演变［M］．北京：科学出版社，2019：118.

② 万敏．张良皋先生与彭家寨的未了情缘［Z］．手稿，2018. 04. 08.

干涸绝非因于自然，而是数千年来“与水争地”的结果，大规模的围湖造田毁掉了昔日的云梦大泽。云梦大泽的基本轮廓依然存在，湖南的洞庭湖、湖北的洪湖、梁子湖都是云梦大泽的遗迹。他觉得应该恢复“江汉汤汤”汪洋浩瀚的云梦大泽的旧貌。

其次，张先生“真”的思想体现为考据之真实，证据之确凿。为了考证庸国先祖和中原五帝的宗族谱系，他从《史记·五帝本纪赞》的著史原委中得知《五帝德》《帝系姓》两篇载于《大戴礼记》，在电子商务不发达的年代，他购买《四库全书》光盘，从中查找寻《大戴礼记》中有关楚族先祖祝融与中原五帝的血缘关系，从地脉、文脉、血脉几个方面证实了庸国文化的源头地位；为考证古代江汉大泽的水文状况，他查阅当地的地质和水文资料，了解荆江、楚江、吴江三段卡口的位置以及每段的安全泄洪量，统计出自北宋绍兴十三年以来的洪峰流量数据，证实荆江和楚江在云梦大泽和洞庭湖之间经常发生倒灌回流现象，从而证明此地历史上为蒿排麇集之地；在恩施老州城的研究中，他发现南宋州官张朝宝咸淳丙寅（1266 年）摩崖题刻，纠正了《施南府志》中记为“张宝臣”的错误，并且考证出宋朝咸淳年间郡守张朝宝只是修路并未筑城的事实，宋开庆年间郡守谢昌元始移州城于椅子山；在唐崖土司城遗址研究中他考证出覃氏土司传袭十八代，历时 460 年，城垣面积 1 平方千米，并考证出张飞庙前的石人、石马雕刻于明万历年间，荆南雄镇的石牌坊建于明天启年间；在利川船头寨的研究中，他考证了寨顶衙门坪为明代龙潭安抚司黄俊据支罗的儿子黄中所建；在盐源文化景观的研究中，他除了从历史典籍《山海经》中考证巴域产盐的历史，还搜寻现存的实物证明。1991 年他考证了大宁河小三峡巫山卤管栈道，1991 年 10 月他又分别考察了咸丰古盐道和重庆郁山古镇，对清江盐源的历史有了大概的了解；1998 年 6 月至 7 月在三峡库区文物保护工作考察活动中他又考察了大量的盐业遗址。由上述可以看出，张先生对文化景观的发掘不但有史籍考证，同时也有文物实证。

考据之“真”体现在张先生善于运用“图史互证”的方法，运用图纸还原古代地理环境，证实自己的推测，形象地表达自己的观点。为了证明蒿排世界的存在，他还原云梦大泽的原始场景，在中国地图上画出200米水涯线覆盖的范围；为了证实巫巴山地中的小河谷具有符合原始人类生存的优势条件，他在该地区地形图上画出500米等高线小河谷铺盖的面积；为了考证《禹贡》中九州的真实依据，他在中国地形图上分别标出100米、200米、500米、1000米水涯线的轮廓，使九州的轮廓雏形得以显现；为了证实四灵、五行、八卦出自庸国，他在庸国地形图上图解了庸国地望与这些符号的对应关系；为了表达庸国文化的先进地位，结合孔子对《诗经》的编排顺序和季札观礼的节目单，他画出了中国古代诗歌文化以周南（庸国）为源头的传播路线图；为了表现楚国鄢郢、鄀郢的宏观布局和地望，他描画出楚国皇舆认知地图。

再次，“真”还体现为张先生在文化景观研究过程中永远保持一颗“赤子之心”的研究态度。他像《皇帝的新装》里的那个孩子，敢于讲真话、讲实话，敢于挑战权威，凡事总爱问为什么。他的文化景观理论研究很多是从对权威观点的质疑开始的。他从原始人类不能越过北纬30°线对华夏文化源出黄土高原说提出质疑，他认为华夏文化源头西北高原说是由20世纪初期西方的一些探险家、考古学者先入为主的考古发现造成的，从文化生态人类学的观点看，巴域具有适合人类生存的温度、水源和盐源条件，最有可能是华夏文化的源头；他从《桃花源记》有关秦时乱和南阳刘子骥的信息中反映出的与竹溪桃源乡的地缘关系以及竹山旧称武陵县，对湖南的桃源县作为桃花源的脚本提出质疑，他认为桃花源的原型应出自竹山、竹溪一带；世人皆以为庸国为高阳后裔的封地，张先生根据《帝系》中轩辕帝娶西陵嫘祖为妻，其子昌意娶蜀山氏昌濮为妻的记载，对传统的观点提出质疑，认为高阳有可能就是从巴域迁出的土著；他从世界各地坡屋顶的原始形式皆为山面开门的事实中受到启发，以及现代滇、黔地区的吊脚楼还保留有山面开门的传统，对中国木构建筑文化从北向南传播的观点提出质疑，他认为中国传统木构建筑在受窑洞建筑檐面开门的形式影响以前，必定是山面开门，这个发现很好地解释了殷墟遗址中发掘的建筑基址为什么会南北长而东西窄的现象；他从宜昌三斗坪杨家湾遗址发掘陶器上出现的象形文字，对中国最早的文字源出中原地区甲骨文的观点提出质疑，这与著名史学家徐中舒先生提出的巴文化产生可能远在商殷之前的观点相若①；他依据来凤仙佛寺摩崖造像的建造年代，对佛教文化向中国的传播路线提出质疑，他认为除了丝绸之路还存在着从缅甸经中国西南地区传入中原地区的可能性。正是张先生这种“真”性情引导其在巴楚文化景观的研究上获得很多建树，故而李晓峰教授说他是一位“大匠顽童”。

综上所述，“堪、源、求、真”体现了张先生文化景观的研究方法、视角、理念、精神和态度。立足于风景园林学科思想发展史的视角，张先生的文化景观思想丰富、充实了风景园林史中文化景观的内容，尤其是对于武陵地区、巫巴山地和江汉湿地文化景观的研究，构拟了巴楚地域文化景观的历史谱系，提出了一些新的观点，具有地域性文化景观研究先行者的意义。他以文化人类学的视角研究巴楚地域文化景观，还原、再现了上古时期巴楚地区的生态、生活、生产场景及其历史演进过程，具有“景观人类学”的特点②。他的研究使冷僻的局部记忆运转起来，唤醒了被正统话语权利过滤掉的知识，捍卫了地域文化的价值③。他所提出的一些观念，虽然具有一定学术的冒险性④，却给文化景观的研究注入了新活力，使沉寂的人居环境史学研究变得生动活泼起来。故而，对于风景园林学术界来说，张先生对巴楚地域文化景观的研究，充实、丰富了文化景观的内涵，拓展了文化景观的研究视角。

4.5 本章小结

文化景观是张良皋先生的晚年投入精力最多的研究领域，也是其立志著书立说的研究领域，该方面的学术思想博大精深。

首先，本章从张良皋先生的人生历程中梳理出与文化景观有关的社会经

---

① 徐中舒. 巴蜀文化初论［J］. 四川大学学报，1959（02）：21－44.

② 汪原. 张良皋先生文化景观思想［Z］. 访谈，2019－03－18.

③ 福柯. 必须保卫社会［M］. 钱翰，译. 上海：上海人民出版社，1999：8.

④ 怀特海. 观念的冒险［M］. 周邦宪，译. 南京：译林出版社，2014：282－285.

历，划分出其文化景观思想发展的两个阶段：执教之前和执教时期，整理出各个阶段标志性学术实践活动和学术成果，分析其思想形成的外部诱因和内部动因，追寻其景观建筑思想发展演化的轨迹。

其次，本章对张良皋先生学术成果中与文化景观有关的理论文献进行解读，主要包括湿地浮游聚落、盐源文化线路、干栏建筑、仙居范式、巴楚地望与风物考释五方面的理论文献。从文化人类学、人文地理学、生态学、遗产学的视角对这些文献进行剖析，发掘整理其文化景观学术思想内涵。

再次，本章对张良皋先生发掘的文化景观遗产案例进行分析，并以遗产评价体系为框架对张先生的文化景观思想进行界定。这些案例包括唐崖土司城遗址、容美土司城遗址、恩施老州城遗址、鱼木寨、大水井、彭家寨、庆阳坝、武当山古建筑群、仙佛寺、石柱观和恩施连珠塔——十一个文化景观遗产。

最后，在文化景观理论文献解读和遗产案例分析的基础上总结出其“堪、源、求、真”的学术思想，并阐明其在风景园林学科思想体系中的价值。

5 张良皋自然风景学术思想研究

刘滨谊曾在《冯纪忠与现代风景园林的转变》一文中尖锐地指出，风景园林专业本来包括风景和园林两部分内容，但是由于历史的原因，业界和管理部门谈起该专业，往往只谈园林，而不知有风景①。这里所谓的风景即“风景学”，“风景”即“风+景”，风有风土、风光、风物、风尚、风格等人文的含义，景为人之所见，即景观。这使风景学可划为人文风景和自然风景两大类，总体而言风景是以大自然为主体的景观，人文景观则是其中体量很小的部分，故而风景学也可以理解为地景营造学。根据王绍增先生的理解，风景区和园林代表风景园林领域的两端，造园学倾向于人工建设，风景学更强调价值评估和保护②。根据风景学专家谢凝高先生的理解，世界遗产代表风景资源的最高级别，而世界自然遗产浓缩了自然风景的精华③。张良皋先生人文风景思想被我们归入了前文的“文化景观”一章，而本章则主要讨论张先生的自然风景观。

杨锐的研究团队把中国现有的自然保护地体制划分为8种类型，即自然保护区、国家公园、风景名胜区、森林公园、地质公园、湿地公园、水利风景区、海洋特别保护区④。这8种类型中除风景名胜区和水利风景区内包含

---

① 刘滨谊，赵彦. 冯纪忠与现代风景园林的转变［J］. 中国艺术，2019（02）：28－33.

② 王绍增. 风景名胜区研究［J］. 中国园林，2007（12）：1.

③ 谢凝高. 中国国家公园探讨［J］. 中国园林，2015（02）：5－7.

④ 赵智聪，彭琳，杨锐. 国家公园体制建设背景下中国自然保护地体系的重构［J］. 中国园林，2016（07）：11－18.

人文景观要素，其他 6 种类型均以保护自然风景资源为主。就在本文近结稿之时的 2019 年 6 月 26 日，中共中央办公厅、国务院办公厅《关于建立以国家公园为主体的自然保护地体系的指导意见》明确了建立以国家公园为主体的自然保护地体系，提出了将现有的 8 种自然保护地类型归并为国家公园、自然保护区、自然公园三种形式的政策方向，这为本文后篇的写作提供了新的思路。

张良皋先生对自然风景一直怀有强烈的兴趣，对风景学的研究是他风景园林学思想的另一个重要方面。他的风景学研究对象主要集中在鄂西这块土地，其足迹遍布武陵山区的每个角落。从世界自然遗产张家界、神农架，到国家地质公园腾龙洞大峡谷，从七姊妹山、星斗山国家自然保护区到柴埠溪、大老岭国家森林公园等，每一处自然遗产，他均进行过“地毯式”的考察和“内科手术式”的探究。正是由于他学术研究的推动，一些隐藏于大山深处、鲜为人知的自然风景成为举世闻名的自然保护地，并极大地促进了当地经济的发展。华中科技大学教授刘小虎说，鄂西风景旅游能有今天，张良皋先生居功至伟①。为了清晰定位张良皋先生自然风景与遗产思想，我们须先对张先生该方面的研究背景有所了解。

5.1 张良皋自然风景思想理论与实践的背景

张先生对自然风景的热爱和迷恋既有其先天性格方面的原因，也与其后天的经历有关。推考其根源，后天的因素大致有四个方面：其一是青少年时期在鄂西生活经历所受自然风景的濡染；其二是 70 年代中期退休以后他到全国各地风景名胜区的游览经历；其三是在华中科技大学执教之后作为专家参加湖北省以及周边地区风景名胜区规划评审会议和学术研讨活动；其四是在干栏聚落的调研过程中与鄂西山水朝夕相处的经历。这些经历为其提供了深度接触大自然的机会，促进了他对自然风景和遗产更加全面的了解。青少

① 蒋太旭，黄莹．跨界建筑师张良皋去世，他把鄂西推向世界［EB/OL］. 2015 - 10 - 16. http：//www. huaxia. com/.

年时期施宜古道的流亡之旅和恩施地区的生活经历，像人生中的“初恋”一样，成为他一生中对鄂西自然风景之抹不去的记忆；华中科技大学时期参加的风景名胜区规划评审、研讨会使他对风景名胜区、自然遗产评价标准和保护体制洞察于胸，促成了他从自然遗产保护的视角审视风景。故而下文以华中科技大学执教时期为时间节点，对其前后两个时期自然风景和自然遗产思想的理论与实践背景分别给予介绍。

5.1.1 执教之前

李保峰教授常言：“张良皋先生博古通今，学贯中西。”① 张先生作为跨越新旧两个时代的老人，与那个时代大多数知识分子接受的教育基本相同，童年时期既受过正规的国学教育，大学期间又受过严格的西式教育。中国传统文化也先入为主地成为他们心目中另一种类型的“原风景”。儒家文化强调“仁者乐山、智者乐水”，道家文化强调“道法自然”，儒、道两种文化塑造了张先生的思想和性情，山水诗和风景游记成为他最为喜欢的文体。其中山水诗是他表达自然风景思想的重要工具，他的很多自然风景思想的火花便闪烁于其诗作之中，可以说古典文学作品潜移默化地促成了他对风景学的认知，这些知识奠定了他自然风景思想的基础。

青少年时期，对他自然风景思想影响最为深刻的是抗日战争期间施宜古道上的流亡之旅，这是他人生第一次长时间接触原真的自然山水，沿途自然风景给他留下了刻骨铭心的印象，以至于70多年后回忆起这次特殊的旅行，他对沿途每一站的自然风光仍记忆犹新。第一站到曹家畈，一路风光如画，溪声悦耳，让他忘记了疲倦和忧愁②。第二天从曹家畈到木桥溪的自然风光更让他终生难忘，他在回忆录中写道：“六十里秋山红叶，老圃黄花，碧嶂开合，清溪潺湲，人在画中游，心做天外想。”③ 第七天从救苦坪到野山关途

---

① 李保峰．悼念张良皋先生［J］．新建筑，2015（03）：133.

② 张良皋．西迁琐忆［C］//青史记联中．武汉：湖北联中建始中学分校校友会编，2009：157.

③ 张良皋．西迁琐忆［C］//青史记联中．武汉：湖北联中建始中学分校校友会编，2009：157.

中看到了云海，他说：“这云海并非‘一望无际’，而是遥见对岸群峰，时时还见海上孤峰突起，有似蓬莱仙山，这比我日后游遍五岳三山的云海都要壮观。”① 在去三里坝途中，他记起落水洞街头有一座风雨桥，街后有一个大天坑和一座通天岩，街道临河的一边都是吊脚楼，建筑与自然风光十分融洽②。在恩施他们逗留了两天，他看到很多原来不常见到的植物和动物，如灯草、拐枣、板栗、核桃、柿子，猴子、四脚蛇、野鸡、飞鼠、绿豆雀、白眉子等，这些让他感到很新鲜，学到很多动植物知识。他们撤退的目的地是宣恩县城，到达时已是傍晚，他说：“两旁树木蓊郁，万籁俱寂，唯有秋蝉齐鸣，归鸦鼓噪，我们一时似乎进入了一个梦幻世界。”③ 尽管旅途非常艰苦，但是在张先生看来却是富有诗意，充满童话色彩，其中弥漫着静寂、清幽、空灵的美学氛围，这是中国乃至日本传统风景美学的重要特征④。由此可见童年所受的古典文学教育已经在张先生的潜意识中发酵，对自然风景的理解已不是被动的关照，而有一种诗意的情怀氤氲其中。

由湖北联中到中央大学，由中央大学到范文照建筑设计事务所，再到新中国成立后的武汉建筑设计院，张先生一直为求学、生活而奔波。动荡的时局、沉重的家庭负担使他无暇顾及自己的烟霞梦想，直到1975年从武汉市建筑设计院退休，张先生身上的重担才略有减轻。这期间，张先生先后被武汉轻工院、武汉市蔡甸区设计院和武汉市设计集团聘为总建筑师，其子女均已就业，工作时间也稍微自由，他便寻找机会实现自己青少年时期遍游全国名山大川的梦想，并于1976年7月游览了华山，1977年9月游览了黄山等，此后他对名山大川、自然风景的喜爱一发不可收拾，由此奠定了其风景学的

① 张良皋．西迁琐忆［C］//青史记联中．武汉：湖北联中建始中学分校校友会编，2009：163.

② 张良皋．西迁琐忆［C］//青史记联中．武汉：湖北联中建始中学分校校友会编，2009：164.

③ 张良皋．西迁琐忆［C］//青史记联中．武汉：湖北联中建始中学分校校友会编，2009：165.

④ 大西克礼．幽玄・物哀・寂［M］．王向远，译．上海：上海译文出版社，2017（08）：18.

理论与体验基础。

5.1.2 执教之后

(1) 20 世纪 80 年代

1982 年他被聘为华中工学院建筑系教授以后，干栏建筑研究为他自然风景的考察提供了更多顺势造访的机会。1983 年他在林奇先生的陪同下几乎游遍了恩施州各县，建始的石柱观、利川的腾龙洞、咸丰的黄金洞、来凤的卯洞，从来凤出境经桑植游览了张家界。随后便留下“烟霞痼癖”的“后遗症”，好奇心驱使他像完成一项历史使命一般隔三岔五往鄂西大山中跑。除此之外，他还借出差之机游览了国内其他的一些风景名胜区，这些游历拓展了他的视野，积累了对自然风景和自然遗产的实践经验，并奠定了他风景学研究的基础，若将其 80 年代的风景考察活动进行列表（表 5 – 1），真可谓洋洋大观。

表 5 – 1　80 年代张良皋自然风景考察活动简表

时间	考察地点	事由和同游	备注
1980. 6. 22	武当山金顶		
1980. 8. 6—1980. 8. 13	武当山	遇朱家溍先生	在十八盘顶发现“仙关”摩崖
1983. 4. 17—1983. 4. 27	利川石柱观、大水井、腾龙洞、咸丰黄金洞、唐崖土司城、来凤卯洞	林奇先生	
1983. 5. 8—1983. 5. 10	张家界龙凤庵、黄石寨、金鞭溪、紫草潭四景点	来凤县委朱国材、建委韩春生及陆训忠等	《张家界即景五首》
1983. 8. 16—1983. 8. 29	井冈山龙潭、笔架山、流芳涧等景点		《题井冈山》《井冈山龙潭》《笔架山》《流芳涧联》
1983. 11. 13	嵩山峻极峰、中岳庙、太室阙		《登嵩山——经新神道》
1984. 5. 4	浙江海宁观钱塘潮		《海宁观潮》

续表

时间	考察地点	事由和同游	备注
1984.10.23—1984.10.27	襄樊古隆中、米公祠、武当山		《游隆中》《游米公祠》《登武当山》
1985.1.21	蒲圻赤壁	伍昌平	《题蒲圻赤壁》
1985.2.14—1985.2.15	武当山		
1985.10.11	武当山南岩宫以下各景点、飞升台		
1986.3.27—1986.4.28	利川腾龙洞、咸丰黄金洞	万敏、张国方、潭宗派	《利川度清明》《题腾龙洞》
1986.5.19	夔门、黄陵庙	西陵峡口风景区评审，万敏	《题黄陵庙》
1986.7.11—1986.7.13	兴山、秭归、昭君村、屈原庙	万敏	《题昭君村》《乐平里屈原庙》
1987.3.15—1987.3.20	宁波千岛、普陀山、绍兴王羲之祠	带学生实习	《千岛》《普陀》《绍兴王羲之祠》
1987.9.23—1988.1.9	芝加哥、布法罗、纽约、多伦多、底特律、尼亚加拉大瀑布	受邀到美国，IIT系主任邀请去威斯康星大学、明尼苏达大学、伊利诺伊技术学院讲学	《北美绿草》《加拿大红叶》
1988.3.23—1988.3.26	武当山、房县、神农架	带建筑学84级学生武当山考察	
1988.4.1—1988.4.4	黄龙洞、宝峰湖、索溪峪、天子山、十里画廊、水绕四门、天生桥、沙刀沟		《武陵源三五七言》
1988.10.10—1988.10.18	利川县、来凤卯洞、犀牛洞、刘家大洞、宣恩东门关瀑布		《拟利川竹枝词》《留题卯洞》《犀牛洞》《珊瑚库联》《宣恩东门关瀑布》

续表

时间	考察地点	事由和同游	备注
1988.10.10—1988.10.20	龙山惹迷洞、鲶鱼洞、刘家大洞、来凤卯洞		
1989.3.29—1989.4.11	建始三里坝石柱观、咸丰黄金洞、刘家干栏群、严家祠堂、土司皇城		《黄金洞》
1989.4.4	建始天鹅观、利川腾龙洞		《西江月·登天鹅观悼抗战中旅瘗师友》
1989.10.14	利川腾龙洞		《题腾龙洞联》

（资料来源：作者根据张良皋日记和《闻野窗课》中信息整理）

从表中可以看出，20世纪80年代，张先生在自然风景方面的考察对象以洞穴和武当山为主，以洞穴为主题的考察活动有7次，武当山考察有6次。1983年4月首次考察利川腾龙洞便对他产生很大的震撼。1986年再度考察该洞，在当地人武部长易绍玉、张国方同志大力支持下，他与当地人武部一群人，花3天时间，把干洞游了一遍，并探明了干洞的两个出口：毛家峡和白洞，以及水洞的出口黑洞。1985年5月他写的考察心得《利川落水洞（腾龙洞）应该夺得世界名次》的文章在《旅游》杂志第四期发表，这在恩施引起了轰动。由此于1988年招来了25名中国和比利时的洞穴专家对该洞历时32天的实地考察，得出腾龙洞属中国目前最大的溶洞、世界特级洞之一的结论。1989年腾龙洞被湖北省人民政府审定为省级风景名胜区；2014年1月15日被前国土资源部列为第七批国家地质公园。

该时期张先生探测的洞穴除了腾龙洞之外，还有鄂西的另外两处巨洞——黄金洞和卯洞。80年代张先生对黄金洞考察了3次，第一次在林奇先生的陪同下探测了其中的5层，并推测出其洞最少有6层，这与后来主管部门公布的7层的结论误差不大。黄金洞内部曲折的空间给张先生留下了深刻的印象：四十八道望江门、迂回于钟乳石林中的羊肠小径、洞中的伏流暗河等。80年代张先生对卯洞进行过两次考察，此外该时期张先生考察的洞穴还有慈利的黄龙洞、龙山的惹迷洞、桑植的九天洞，这些洞穴都很奇特，但规模尺度都比不上鄂西三巨洞。

该时期张先生最为重要的学术实践活动是作为华中科技大学的评审专家参加了湖北省及周边省区的风景名胜区规划评审、研讨会议（表5－2），这使他对我国的风景名胜区和自然遗产的评价标准与保护机制有了充分认识，并由此结识了一批我国自然遗产方面的专家，如清华大学朱畅中教授，李道增教授，原建设部风景名胜司甘伟宁司长，北京大学谢凝高教授，同济大学丁文魁教授、陈从周教授、李铮生教授，武汉东湖风景区的谢家均、陈昌等。这些都是中国风景学领域的元老，通过与他们的交流，张先生了解了风景资源和自然遗产保护最新的学术动向，由此也使他自己站在了自然风景和自然遗产学术研究的前沿。可以说张先生此时参加该类学术活动恰逢其时，当时中国经过拨乱反正，风景名胜区保护体制也刚刚出炉不久。1978 年国务院在城市工作会议上要求加强风景名胜区和文物古迹的管理；1981 年国务院批转原建设部（国家城建总局）等单位《关于加强风景名胜区保护管理工作报告》，要求对全国各地风景名胜资源进行调查评价；1982 年国务院公布了第一批国家级风景名胜区①。可以说张先生赶上了中国风景名胜区学术研究的首班车，这个经历培养了他从自然遗产的视角审视自然风景的意识。

表5－2　80 年代张良皋参加的风景名胜区规划评审活动简表

时间	项目名称	项目主持人及单位
1982	长江三峡风景名胜区规划评审会	同济大学丁文魁教授
1982	庐山风景名胜区规划评审会	同济大学丁文魁教授
1982	武当山风景名胜区规划评审会	中南院总建筑师袁培煌、王文英等
1986	西陵峡口风景名胜区规划评审会	湖北省规划院

（资料来源：作者根据张良皋日记中信息整理）

① 魏民，陈战是．风景名胜区规划原理［M］．北京：中国建筑工业出版社，2008：8.

（2）20世纪90年代

20世纪90年代是张先生自然风景考察活动更为活跃的时期，为了展现张先生自然风景实践活动的背景，把握其实践活动的全貌，笔者根据张先生日记和《闻野窗课》中的信息，对其90年代自然风景考察的行踪整理如下表（表5-3）。

表5-3 90年代张良皋自然风景考察活动简表

时间	考察地点	事由和同游	备注
1990.6.2	恒山、悬空寺		《登恒山北望》《题恒山四言》
1990.7.7—1990.7.27	武当山	李晓峰、陈纲伦、童鹤龄、张京南、周贞雄诸老师带87级学生测绘实习	遇真宫测绘图
1990.12.6—1990.12.18	恩施、利川、全家坝、咸丰黄金洞、刘家大院、唐崖土司城、严家祠堂、来凤、鹤峰、五峰	江苏美术出版社摄影师朱成梁、卢浩	《老房子》
1991.5	山西五台山、嵩山少林寺等	李晓峰	
1991.8.17	承德避暑山庄	带学生实习，童鹤龄、万敏	《秋后游避暑山庄》
1991.9.19—1991.9.21	武当山		
1991.10.19—1991.10.21	沐抚大峡谷、大岩龛、咸丰张官铺、王母洞村	画家廖连贵，记者叶向红	《腾龙洞导游歌》
1991.11.26—1991.12.11	峨眉山、青城山、黔江石会		《游青城归车上默成赠卢集干》《黔江道中见武陵主峰》

续表

时间	考察地点	事由和同游	备注
1991.12.15—1992.1.9	咸丰、黄金洞、土司城、恩施		
1992.6.23—1992.6.27	恩施、沐抚大峡谷		《题恩施沐抚景区》
1992.7.15—1992.8.16	恩施茅坝、星斗山、咸丰二仙岩、来凤佛潭、利川腾龙洞、鱼木寨、全家坝		《来凤佛潭》《咸丰二仙岩》《赠星斗山自然保护区》《留题茅坝》《利川鱼木寨留题》《赠鱼木寨联》
1992.9.16—1992.9.21	武当山		
1993.4.10—1993.4.12	武当山		
1993.4.21	南漳县水镜山庄		
1993.6.7—1993.6.15	武当山		
1993.7.15—1993.8.13	利川县腾龙洞、咸丰县黄金洞、严家祠堂、唐崖土司城、刘家大湾、宣恩龙洞水库、来凤仙佛寺、鹤峰容美土司城、五峰县柴埠溪峡谷、五峰县渔阳关、长阳小三峡	《江苏美术》出版社摄影师李玉祥、朱成梁、卢浩，研究生张文彤	著作《老房子》，诗歌《游宣恩龙洞水库》《初游柴埠溪》《过渔阳关回望柴埠溪》等
1993.9.21—1993.9.23	随州大洪山、钟祥黄仙洞、钟祥镜月湖		《题大洪山》《赠钟祥黄仙洞》《吟钟祥城南镜月湖》
1994.4.13—1994.4.16	武当山		
1994.7.22—1994.8.31	宜昌大老岭磨笄山、磐潭、五指山、恩施、咸丰		《登磨笄山》《题磐潭》《五指山观日落》
1994.9.5	乌江画廊、龚滩古镇		

续表

时间	考察地点	事由和同游	备注
1994. 10. 8—1994. 10. 15	云南西双版纳、西山石林		《抵西双版纳》《游西山石林》
1994. 10. 27	南漳县玉印岩		《题南漳玉印岩》
1995. 3. 20	岳阳市张谷英村		《题张谷英村》
1995. 3. 26—1995. 4. 30	贵州雷山、榕江、从江、黎平、桂北三江、龙胜、湘西等地	《江苏美术》出版社摄影师李玉祥，研究生陈智、朱馥艺	《老房子》《武陵土家》中照片
1995. 9. 24	埃及尼罗河	借支教苏丹理工大学之机，到喀土穆大学讲学	《尼罗河竹枝词八首》
1996. 5. 12—1996. 5. 13	夜游尼罗河、金字塔	苏丹理工大学支教	《夜游尼罗河》《瞻金字塔》
1996. 8. 20	阿特巴拉沙漠	苏丹理工大学支教	《赴阿特巴拉过沙漠》
1997. 8. 8	庐山		《车过庐山遥见汉阳峰》
1997. 10. 4—1997. 10. 8	武当山		
1998. 1. 18—1998. 1. 31	日本和歌山岸、日本东照寺、日本和歌山、鉴真墓	受日本藤森照信建筑事务所邀请，东京大学讲学	《游日本东照寺》《过和歌山护国神社》
1998. 6. 22—1988. 7. 1	秭归县、兴山县香溪、巴东县秋风亭、重庆石宝寨、乌江画廊	三峡库区文物保护工作考察活动	《香溪》《秋风亭》《登石宝寨》
1999. 8. 13—1999. 8. 18	恩施、咸丰、严家祠堂、唐崖土司城、刘家大院、平坝营		

续表

时间	考察地点	事由和同游	备注
1999. 8. 25—1999. 8. 31	恩施、沐抚峡谷、宣恩高罗、沙道沟、彭家寨、鹤峰、五峰柴埠溪		《赞彭家寨》
1999. 9. 1	武陵源		《九九武陵游归赋》
1999. 9. 26	黄冈赤壁		
1999. 10. 25—1999. 11. 31	恩施、景阳河、建始景阳关、花果坪、三里坝	恩施参加土家族学术会议	《题建始景阳关》

（资料来源：作者根据张良皋日记和《闻野窗课》中信息整理）

从表中可以看出，20 世纪 90 年代，张先生风景考察的重点是沐抚大峡谷和景阳河峡谷。早年张先生曾经从利川到恩施途中看到过沐抚峡谷尾间的一段，勾起了其强烈的好奇心，其后又与江苏美术出版社的摄影师朱成梁、卢浩从利川团堡下到七渡河，前山石壁鬼斧神工的形态让他倾倒。1991 年 10 月 19 日他与画家廖连贵同游沐抚大峡谷，第一次看到沐抚峡谷的全貌。1999 年 10 月张先生利用在恩施参加土家族学术会议的机会游览了梦寐已久的景阳河峡谷，张先生觉得景阳河峡谷堪比长江三峡，长江三峡只有巫峡、瞿塘峡、夔门峡三段可看，而清江峡谷处处皆有景可观，并且是两面绝壁。他把清江峡谷中的三段，即长阳小三峡、景阳河峡谷和沐抚峡谷与长江三峡中的西陵峡、巫峡和夔门峡进行类比，由此得出“八百里清江每一寸都是风景”的结论。

（3）2000 年以后

2000 年以后张先生自然风景研究的热情未减，考察实践的范围有所扩大，由武陵地区转向巫巴山地，由巫巴山地跨越重洋直至澳洲和北美。为了全面梳理其风景考察实践背景，笔者将张先生该时期的自然风景考察活动也进行列表予以概括（表 5 -4）。

表 5－4 2000 年以后张良皋风景考察活动简表

时间	考察地点	相关人物	作品
2000. 4. 11—200. 4. 15	武当山		
2000. 8. 19—2000. 9. 30	悉尼歌剧院、海德公园、新南威尔士大学	华中科技大学校友丁岚博士邀请	诗歌《游海德公园》《参观悉尼歌剧院》等
2001. 4. 7	西陵峡黄牛岩		诗歌《登黄牛岩》
2001. 4. 15	宜昌车溪风景区		诗歌《游车溪》
2001. 5. 16—2001. 5. 23	湖南省吉首市凤凰古城		《为凤凰电视台节目作诗》
2001. 5. 24	大冶雷山风景区		《应大雷山风景区征联》
2001. 11. 15—2001. 11. 21	利川、大水井、老屋基、官田坝		
2002. 3. 10—2002. 7. 10	美国新墨西哥州卡尔斯巴德洞、亚利桑那州科罗拉多大峡谷、凤凰城红岩、约塞米蒂国家公园、大盐湖、尼亚加拉大瀑布、加拿大	应美国南加州建筑学院（SCLARC）邀请讲学	《题大峡谷》《重游尼亚加拉大瀑布》
2002. 8. 8—2002. 8. 15	江西婺源		《题婺源延村诗》
2002. 8. 31—2002. 9. 1	绵阳市罗浮山、北川县石纽镇禹迹	参加四川安县"小罗浮风景区规划"评审，万敏	《题罗浮山》《题石纽镇禹迹》
2002. 10. 10	河南省淅川县荆紫关	万敏、刘伟	
2002. 10. 24	庐山白鹿洞书院	杨小复、张甘	《游白鹿洞诗》
2002. 11. 13—2002. 11. 14	竹山县田家坝、官渡河、观音峡	考察上庸古城	
2002. 1. 15	武当山老营		

续表

时间	考察地点	相关人物	作品
2002. 12. 14	南岳衡山	湖南大学建筑系讲学	《题衡山》
2003. 9. 26—2003. 9. 28	利川腾龙洞	万敏	
2003. 10. 19	神农架		
2003. 11. 17—2003. 11. 18	武当山		
2004. 4. 2—2004. 4. 5	咸丰、平坝营、龙家界、恩施、水布垭	万敏	
2004. 6. 12—2004. 6. 16	利川腾龙洞、雪照河、石龙寺、冉家祠堂、沐抚峡谷、恩施	万敏、谭宗派	
2004. 7. 9—2004. 7. 14	团堡、大河碥、见天坝瀑布、生物礁、安乐寨、前山石壁、朝东岩、纳水溪、唐崖土司城	万敏、谭宗派、葛坤述	
2004. 09. 03	恩施大峡谷	万敏	《题桡杆山》
2004. 10. 2—2004. 10. 7	前山板桥、云龙河出水洞、奉节、沐抚大山口、新塘、红花埫峰林、马尾溪	万敏、李景奇、郭玉、陈连寿	
2004. 10. 21	恩施大峡谷		《题沐抚巨壑四绝句》
2004. 8. 16—2004. 8. 25	武当、郧阳、郧西、白河、蜀河、旬阳、安康、平利、竹溪、竹山、房县、保康	万敏、李在明	《走安康》《桃源何处》
2005. 3. 26	大别山天堂寨	万敏、余迥	《题大别山天堂寨》
2005. 7. 5—2005. 7. 6	竹山县官渡镇、宝丰镇、长坪皇城村		《长坪皇城村访古》
2006. 7. 6—2006. 7. 9	竹山县、巫溪县大宁厂、竹山县柳林镇		《留题柳林》《留题巫溪大宁厂盐泉》
2007. 05. 14	竹溪县蒋家堰乡		《赠蒋家堰政府》

续表

时间	考察地点	相关人物	作品
2007.8.9—2007.8.18	宣恩县高罗乡茅坡营、庆阳坝、罗圈岩天坑、张官铺、彭家寨、沙道沟、七姊妹山、凉雾山、水莲洞、大水井、高仰台、佛宝山	万敏、李景奇、赵军	《题宣恩七姊妹山》
2007.9.27	张家界	万敏、李在明	《题张家界市》
2007.11.29	石门夹山寺、来凤县漫水乡阿塔峡		
2008.11.16	武当山		
2010.5.21	恩施大峡谷	万敏	
2010.8—2010.10.9	新疆土峪沟、天山、额尔齐斯河、喀纳斯湖、燕然山友谊峰、敦煌、嘉峪关	建筑文化研讨会，马瑞坤	《新疆土峪沟》《喀纳斯湖》《燕然山友谊峰》等
2010.10.29—2010.10.31	来凤卯洞、阿塔峡、落印潭、百福司、搽搽溪、舍米湖、仙佛寺	协助万敏参加来凤县风景资源调查	《题来凤漫水乡阿塔峡》
2011.4.13—2011.4.21	恩施芭蕉侗族乡枫香坡、来凤百福司、仙佛寺、黄柏村、咸丰黄金洞、麻柳溪、利川腾龙洞、独家寨	参加“酉水古镇百福司”大型文化采风活动	《题恩施枫香坡》《赠来凤县》《独家村》等
2011.9.18—2011.9.27	唐崖土司城、屯堡、宣恩、来凤老虎洞、鹤峰县容美土司城、董家河、走马镇、平山爵府、巴东、沿渡河、崔家坝、鸦雀水、盛家坝、枫香坡、建始花果坪、建始秋风亭、景阳关		《题董家河》《过容美土司南府》《赠花果坪》《赠三里坝》《题秋风亭》《题景阳关风景区》

续表

时间	考察地点	相关人物	作品
2013.5.2—2013.5.8	建始、利川大水井、苏马荡、铜锣关、利川县鱼木寨、腾龙洞、四孔洞、沐抚大峡谷	万敏	
2013.5.6—2013.5.7	利川县腾龙洞、恩施大峡谷	万敏	
2014.7.7—2014.7.16	恩施林博园、盛家坝、咸丰县黄金洞、麻柳溪、石门河、景阳河、恩施连珠塔	万敏	
2014.11.4—2014.11.6	鹤峰	参加鹤峰县容美土司文化论坛	

（资料来源：作者根据张良皋日记和《闻野窗课》中信息整理）

从表中可以看出，2000年以后虽然张先生年事已高，但游兴未减，风景考察活动更加频繁，除了见缝插针地走访腾龙洞、恩施大峡谷这些老相识以外，还把考察的足迹伸向域外。2002年是张先生旅游活动的极大年，他借赴美讲学的机会，自3月20日至5月23日之间游览了大半个美国。6月5日至7月10日之间他又重游了加拿大的一些风景区。为了从世界级的视角定位鄂西的自然风景，他重点考察了凤凰城红岩（图5－1）、新墨西哥州的卡尔斯巴德洞穴（图5－2）、亚利桑那州的科罗拉多大峡谷（图5－3）。"操千曲而后晓声，观千剑而后识器"①，通过比较，他认为号称世界第一洞穴的卡尔斯巴德洞与利川腾龙洞相比只不过是个小窟窿。科罗拉多大峡谷与沐抚大峡谷相比，规模、海拔或过之，但论空间之丰富、色彩之瑰奇则不及。这些国外考察和旅游的经历拓展了他的风景学视野，使他能够以高屋建瓴的视角去定

① 刘勰．文心雕龙·知音［M］．北京：中华书局，2014：280.

格武陵地区的风景。

图 5-1 张良皋考察凤凰城红岩

图 5-2 张良皋考察卡尔斯巴德洞

图 5-3 张良皋考察科罗拉多大峡谷

（图片来源：张眺提供）

从表中我们还可以看出，在 2000 年至 2007 年之间，由于写作《巴史别观》一书，巫巴山地的一些河谷盆地成为张先生风景考察的重点。这里是巴文化的奥区，自然风景呈现与历史文化高度融合的特征，既有上津、柳林、田家坝、官渡、将家堰、宝丰等一些历史悠久的古镇，也有风光旖旎的汉水峡谷、南河峡谷、堵河峡谷、官渡河、汇湾河、武陵峡、观音峡等自然风景（图 5-4）。张先生在《巴史别观》中多次申述这里小地理环境的优越性：温润的气候、肥沃的沉积带、旺盛的生机、充足的水源和盐源，他甚至把这里的自然风景作为演绎巴域文化发源地的大前提，这里的溪壑之美为人类上了自然风景美的第一课。堵河源头和南河河谷分别于 2013 年和 2014 年被列入国家自然保护区。

图5－4　张良皋在当时竹山县委书记营永祥陪同下考察堵河源

（图片来源：张晀提供）

2003年《旅游》杂志第2期刊发由“桃花源”为主题的争鸣讨论，引起了张先生对整个武陵地区风景资源统筹规划的思考，结合他对武陵地区各地风景资源特色和历史文化背景的了解，他提出了“大武陵旅游文化圈”的构想，张先生的“大武陵旅游文化圈”的范围，西北以竹溪、竹山为界，东南至张家界，西南至梵净山①。此文化圈以武陵山系为构架，武陵山主脉北支为巫山、大巴山，虽无武陵之名，但自然地理特征几乎一样：气候温暖湿润，植被茂密，峡谷、洞穴密布，张先生认为这里是中国乃至全球最大的喀斯特地貌区。大武陵旅游文化圈的设想是张先生宏观控驭思想在风景学领域的反映，是历史文化与自然风景二元重构思想的体现，是整合自然风景资源与人文资源进行旅游规划思想的体现。

5.2　张良皋风景诗中的自然风景思想

清华大学杨锐教授把风景学划分为感知、认识和实践三个层次：人对自然的感知所形成的“风景”，以诗歌、绘画等艺术形式显现；人对自然的认知所形成的“风景”，以环境伦理学、环境美学、景观生态学、景观历史学、景观考古学等知识形态显现；人对自然的实践所形成的“风景”，以遗产地、

① 张良皋．构建大武陵旅游文化圈之我见［J］．旅游，2003（03）：20－25.

名胜区、国家公园、公共开放空间等空间形态显现①。张先生对风景的感知和认识主要体现在其大量的山水诗之中。“五岳寻仙不辞远，一生好入名山游”，李白这句诗是张先生性格的真实写照，他一生游踪遍及祖国大地，晚年远涉欧美重洋，在游览的过程中，古典诗词成为他抒发情怀、品评风景的重要工具。据不完全统计，张先生一生留下诗作700余首，很多记游诗为组诗，如拆开来看有千余首，这些诗作均被收录在他晚年辑录成书的诗集《闻野窗课》中。该诗集中有200余首以描写自然风光和地域风土、风物为主，其中60多首以描写山水自然风光为主题。山水田园诗作为中国古典诗词的一个重要流派，反映了中国人的栖居理想、美学观念、道德情怀以及对自然的理解和认识，可以说是中国人的心灵家园。而张先生的自然风景的思想感悟也主要体现在他的山水诗词中，可以说张先生的山水诗词是他自然风景思想的一座富矿。

张先生的诗作被收入邵燕祥先生编的《我的诗人词典》一书，他的诗词基本上是按照旧体诗格律创作的，但绝无旧体诗的陈腐迟暮之气，而是充满了阳光和朝气，从写景状物的生动性来看，则达到了梅尧臣所说的“状难写之景如在目前，含不尽之意见于言外”的效果，这给我们解读其中蕴含的风景美学和自然遗产思想提供了很大的方便。但是诗歌毕竟是诗歌，其中写景、抒情、言志、怀古的成分水乳交融，很难胶柱鼓瑟地硬性切割，诚如王国维所言“一切景语皆情语也”。为了理论上操作的方便，笔者根据诗中写景内容侧重点的不同，权且把张先生的山水风景诗分为洞穴类、峡谷类、奇峰类、水景类和生境类，下面根据上述类别对张先生风景诗中映射出的风景美学和自然遗产思想分别给予解读。

5.2.1 诗歌中的洞穴

在上述的五个类别中，描写洞穴类的诗相对居多，且以鄂西的三巨洞为主，其中描写腾龙洞的诗有四首。在描写腾龙洞的四首诗中，1991年写的《腾龙洞导游歌》气势最为恢宏。该诗采用乐府诗的形式，洋洋洒洒六百多

---

① 杨锐．“风景”释义［J］．中国园林，2010（09）：1-3.

字，详细地描写了腾龙洞内部复杂的空间结构和幽深瑰奇的景观特色。诗歌的结构按照洞穴的空间序列而展开："清江蜿蜒十二曲，东出都亭入峡谷。夹岸鸟鸣山更幽，渐闻滩声奏丝竹。"① 开头的四句形象地表达了腾龙洞的前奏空间——清江峡谷曲折蜿蜒的形态，伴随丝竹般的流水声和夹岸的鸟鸣，交代了这里的风景以"清""幽"为主的特点，为此后的巨洞和卧龙吞江的惊雷做了铺垫。"乍见巨阙左右开，腾龙卧龙并肩排。腾龙深邃无底止，卧龙奔啸如惊雷。"②"阙"为主景前两个对峙突起的地标，这里张先生用来表达旱洞和水洞的两个恢宏的入口；"巨"表示两洞空间尺度之大，"并肩排"表示两洞一左一右的格局；旱洞腾龙洞的特点是"深邃"，而水洞——卧龙吞江的风景特点是20米落差所形成的"奔啸"。张先生通过这段诗，不仅记录了水旱两洞的尺度和方位关系，同时用"深邃""奔啸"区分二者风景的特点。接下来对水洞入口的景观进行描写："卧龙吞江何所似，银河倒吸浙江潮。潮水汹涌入龙咽，潜流何去渺难测。姣螭贪婪啮乾坤，吞尽江水无余沥。"③ 水洞入口的空间酷似龙的咽喉，一条浩浩荡荡的清江到此跌入20米深的暗河，像银河和浙江潮水一般被巨龙所吞噬，消失得无影无踪。在描写旱洞腾龙洞时，则侧重于洞穴内部复杂的空间结构："腾龙巨穴费神工，大块混沌竟凿空。禹疏九派心思竭，蜀入五丁筋力穷。"④ 腾龙洞的入口与上述水洞入口酷似"龙咽"的结构完全不同，它的主要特点是巨大无比，且又混沌粗犷，没有大禹治水的毅力和五丁开山的气魄等神工是无法形成的。

诗文的后半部分按照空间的流程对鲶鱼洞、风洞、响水洞、三道龙门、白洞、黑洞分头描写："鲶鱼洞内好行船"记录了鲶鱼洞内空间特征。鲶鱼洞是水洞离卧龙吞江处约500米后的第一个洞穴或天窗，由于有亮光，吸引了伏流中的鲶鱼在此聚集而得名。有路从洞口直入伏流江边，这里也是清江伏流唯一可行船至卧龙吞江处的一段。"响水洞底白浪翻"描述的是响水洞

---

① 张良皋．闻野窗课［M］．武汉：湖北联中建始中学分校校友会编，2005：37.
② 张良皋．闻野窗课［M］．武汉：湖北联中建始中学分校校友会编，2005：37.
③ 张良皋．闻野窗课［M］．武汉：湖北联中建始中学分校校友会编，2005：37.
④ 张良皋．闻野窗课［M］．武汉：湖北联中建始中学分校校友会编，2005：37.

的景观。响水洞是清江伏流在鲶鱼洞后约 500 米处的另一个天窗，该处由于地质岩体变异而被清江伏流冲出一个约 10 余米的落差，故在天窗口处响声如雷，探险者可以通过悬吊之索入洞中“伏流观江”。“洞内今存白玉林”描述的是旱洞——腾龙洞内一处洞穴景观，该洞有一秘密通道与腾龙洞相通，由于人迹罕至，故洞内正在发育的岩溶景观保留完整，未受 CO_2 侵扰，故岩体晶莹剔透，甚至还有细如发丝的岩纤随风飘舞。该洞也是张先生在 1986 年探洞时发现的。“一洞更比一洞深”描述了从花仙谷到观彩峡之间三道龙门层层递进的空间序列。“银河泻水洗瑶池”中的“银河”描写的是与腾龙洞旱洞、伏流平行的清江古河道，这里也是伏流过大时清江的泄洪道，故用“泻”字来形容。“瑶池”形容由白色大理石构成的古河床像瑶池一样晶莹剔透。通过对该诗的解读，我们可以发现张先生对空间序列、空间层次的关注，诗中交代了旱洞和水洞两个空间序列，并用“天窗”“龙咽”描写空间的转折关系，用“白玉石林”和“瑶池”描述其地质构造，用“奔啸”“银河”“浙江潮”描述水景，这些描写形象地再现了该洞“奥”的风景特点以及内部空间所呈现的“丰富性”和“奇特性”。

张先生另外一首比较著名的写腾龙洞的诗是《题腾龙洞》，该诗写于 1984 年 4 月 13 日，被利川父老镌刻在洞口的石壁上。诗中“气吞万壑”“声震九渊”描述腾龙洞旱洞和水洞两入口不同的风景特色，同时用“呼吸帝座”“吐纳龙泉”“星辉玉阙”“碧映瑶池”“云旗双展”“金童玉女”“天梯四垂”等词汇描写洞中的暗河、洞道、古河床、岩梯、钟乳石等丰富的景观内容，反映了张先生对洞穴内部空间丰富性、曲折性、层次感的关注，同时也记录了洞内空间的“奥”“险”和“丰富性”的风景特点。张先生作为建筑师的职业习惯，关注空间美不足为怪。他说：“信息时代有种种手段再现形体美，却几乎无法再现空间美，恩施岩溶地貌所形成的空间构图，真是精灵世界，梦幻乾坤，瑰丽神奇，莫可名状，这是恩施风景之奥秘。”① 这种奇特灵怪的空间比较罕见，不采用该手法不足以表达其瑰奇的特征。正是张先

① 张良皋．建设施州风景名胜区刍议［Z］．手稿，1983. 12：4.

生这种形象生动的写作手法使游客对腾龙洞内部空间的认识有所升华。

除了对腾龙洞有浓墨重彩的描述外，张先生对黄金洞、卯洞也有诗歌题咏，其中描写卯洞的诗气势较为宏大，他写道："天阙惊开泄巨川，洞庭前路劈千山。蛟龙不是池中物，五岳当途也枉然。"① 卯洞是一个巨型穿洞。酉水作为湖南四大河流之一在此穿越武陵山主脉，形成一个长约 200 米、宽 50 米、高 100 米的巨洞。诗歌前两句便是描写该种情景，后两句则是抒发感情，表达作者老骥伏枥、一往无前的豪迈情怀。对于黄金洞，张先生则主要描写其外部景观特点："看山迎面合，听水扣心流。岭上剑锋立，云间蛇路浮。"② 对洞穴内部空间着墨不多。另外张先生写有对联留题犀牛洞："山灵水怪千姿照，地脉天心一点通。"③ 虽然没有深入具体的细节刻画，却暗示了鄂西洞穴内部地缝暗河纵横交织的地质景观特点。

从上述张先生描写洞穴的诗作中可以看出，他常用的词汇是"奥区""秘境""山灵水怪""地脉天心""精灵世界""梦幻乾坤"等，这些词汇生动地概括了鄂西洞穴风景"奥""幽"的特征，同时也体现了张先生对大众心理、旅游文化的精准把握。张先生的诗作虽为古体，但其理念却是"与古为新"，贴近时代脉搏，在把握时代文化精神的基础上，采用攀比附丽的描述方式，以最有效的方式描述了鄂西洞穴的景观，扩大了这些景观的社会影响力。

另外，我们发现张先生在描述这些洞穴内部空间时，喜欢用"帝座、龙泉、玉阙、瑶池、金童、玉女"等一些极富想象力的词汇，赋予洞内空间一种人间仙境的效果，这与中国古代风景中追求的栖居理想非常吻合。汉宝德在《物象与心境》一书中曾经写道，我国的园林艺术（秦汉）不能脱离神仙之说，"仙话"是神话的一种，然而它失掉了原始时代的神秘与恐怖，是人性化的神话，他更直接地表现了人类的愿望和梦想④。张先生对洞内空间

---

① 张良皋．闻野窗课［M］．武汉：湖北联中建始中学分校校友会编，2005：22.
② 张良皋．闻野窗课［M］．武汉：湖北联中建始中学分校校友会编，2005：24.
③ 张良皋．闻野窗课［M］．武汉：湖北联中建始中学分校校友会编，2005：22.
④ 汉宝德．物象与心境［M］．北京：三联书店，2014：28－29.

"仙话"的描述，赋予神奇莫测的自然风景一种人文理想。

5.2.2 诗歌中的峡谷

峡谷风景也是张良皋先生自然风景和自然遗产考察的重要内容，在《闻野窗课》中，采用写实方法描写峡谷风光的诗作有 8 首，主要描写了沐抚峡谷、来凤阿塔峡、美国科罗拉多大峡谷等几处峡谷的自然风景，其中描写恩施沐抚大峡谷的诗作有两首，分别是写于 1992 年的《题恩施沐抚景区》和 2004 年的《题沐抚巨壑四绝句》。在《题恩施沐抚景区》中张先生写道："云屯叠嶂，波涌群峰……画屏四翳，烟景一区。"① 这四句描述的像一幅鸟瞰画面，从宏观的视角生动地概括了恩施大峡谷沐抚段自然景观的宏伟状貌。大峡谷的群峰大致处在海拔 1000 米至 1800 米之间，其下被清江、云龙河深度切割，河床的海拔大致为 600 米上下，这使得大峡谷动辄即有落差达 500 米以上的绝壁，故而站在峡谷的山巅远观大峡谷，则是"云屯叠嶂，波涌群峰"的云海仙境。而站在峡谷的群峰之中，环视四周的绝壁，则如画屏一般。周边的后山石壁、马鞍龙、天洞岩诸山在宽达十余里的峡谷中，由于大气透视现象连续为一体，若隐若现，呈现出"画屏四翳，烟景一区"的景象。张先生用一远一近的手法生动地刻画出大峡谷的地质和空间特色。除了对峡谷的宏观景象进行描述外，诗文中还对峡谷内部的景观细节进行了刻画："龙蛇示相，滩濑有声。石擎玉笋，水击兰桡。虹桥跨壑，鸟道凌霄。"② 由于大峡谷恰好处在云贵高原第二级台地的边缘，该台地大致由海拔 2000 米向 500 米跌落，在台地边缘形成巨大的落差，台原上水流冲蚀切割出大量的峰笋，由此也形成层层跌落的瀑布，故而有"悬瀑千层，龙蛇示相"之景；"石擎玉笋，水击兰桡"中的兰桡指清江从伏流——黑洞流出后遇到的首座石笋孤峰——桡杆山；而大峡谷底部有一条清江支流云龙河切割出的一道深达 100 米的地缝，若从沐抚登临七星寨（前山石壁）必经云龙地缝上的虹桥，张先生用"虹桥凌壑"予以表达；"鸟道凌霄"则表达了前山石壁

---

① 张良皋．闻野窗课［M］．武汉：湖北联中建始中学分校校友会编，2005：44.
② 张良皋．闻野窗课［M］．武汉：湖北联中建始中学分校校友会编，2005：44.

上的488米绝壁长廊栈道凌空飞架的形态。为了给恩施大峡谷争取世界级的名次，又避免井蛙之嫌，张先生于2002年借美国讲学之机专门考察了科罗拉多大峡谷，并有诗作题留。该诗虽名为“大峡谷”，但其中只有“科河壮丽慑心魄，惊瞰鸿沟分大漠”两句实写科罗拉多大峡谷①，其余的部分则通过对鄂西众峡谷的描写反衬科罗拉多大峡谷生境的险恶，如“乌江断航，清江变色，青岩树枯，三峡水竭……武陵深处多幽壑”②。张先生认为科谷虽神奇，但确实是荒无人烟的“大漠”，而恩施沐抚的前山却是充满神秘色彩而又适宜居住的“幽壑”。张先生用对比的手法表达了两大峡谷壮丽而摄人心魄的共性特征，同时又指出了“荒”“幽”之别。张先生此次游览归国之后，便很自豪地把恩施沐抚大峡谷定位为中国的科罗拉多大峡谷，恩施大峡谷由此而名扬世界。

卯洞是张先生认为最符合桃源仙境的武陵典型穿洞之一。逆酉水穿卯洞即是一个包括来凤、龙山两县的一块一千多平方千米的“桃花源”坪坝，其中阡陌交通，人丁兴旺，而抵达该坪坝前有一段峡谷，即阿塔峡，张先生对此有诗描述：

阿塔峡连漫水乡，渊渟山峙赛珠藏。
歌声百里波摇荡，舞影千重色莽苍。
鸥鹭忘机频息止，嫦娥奔月试飞翔。
天开卯洞繁花嶂，流出洛英散众香③。

全诗看不出峡谷的凶险，反而让人感觉在连绵的峡谷中充满人间的祥和与生机。首联“阿塔峡连漫水乡”交代了阿塔峡景区位于来凤县的漫水乡；“渊渟”二字描述峡谷内水流静止的状态，因阿塔峡为下游修建拦水大坝而形成的一个高山湖泊，故而水面呈现静止的状态；“赛珠藏”借用“隋珠和

① 张良皋．闻野窗课［M］．武汉：湖北联中建始中学分校校友会编，2005：95.
② 张良皋．闻野窗课［M］．武汉：湖北联中建始中学分校校友会编，2005：95.
③ 张良皋．闻野窗课［M］．武汉：湖北联中建始中学分校校友会编，2005：120.

璧”的典故说明阿塔峡优美的风景像和氏璧和隋侯珠一样深藏不露，不易为外界所发现；这里不仅有优美的自然风景，在波平如镜的湖面上或许还能听到土家族姑娘悠扬的山歌声，她们曼妙的舞姿在清澈的水面留下迷人的倒影；白鹭在这里可以自由自在地活动、繁衍生息，不受人类活动的干扰，飞翔起来像嫦娥奔月一样美丽；“流出落英散众香”则暗示阿塔峡的风景在这里不是一枝独秀，而是珠连璧贯，遍地开花。故而这首诗虽名为峡谷，但所写不仅峡谷风景，而是综合了桃源仙境和自然生境等众多元素的自然景区。

5.2.3　诗歌中的奇峰

在张先生描写山峰的诗中，有关张家界景区的最多。1983 年 5 月张先生首次游览张家界，当时张家界刚由国有林场升级为国家森林公园，张先生被张家界神奇的峰林风光所感动，一口气写了 5 首绝句。其中第二首用“神女蹁跹集大庸，巫山空剩十二峰”① 的诗句描述了张家界以石英砂岩峰林为主体的自然风景特色，“集”字表达张家界奇峰分布之密集，且远非巫山神女峰数量可比。第四首诗写道：“五岳巡山意如何？奇峰搜尽费琢磨，画家须到我家界，始信天公妙笔多。”② 该诗中张先生没有直接描述山峰的形状，而是借用石涛画语录的典故间接地表达了张家界山峰形态之奇特，超出画家的想象力。前面的这四首均是采用间接的写法，以虚带实，借彼言此，最后一首是写实：“鬼斧神工亿万年，至今造化未完篇。青岩绝壁平如砥，无字诗碑待刻镌。”③ 其中的“青岩”二字提示了张家界原来的地名为“青岩山”，也暗示了峰林上部茂密的植被；“诗碑”二字生动地概括了石碑状石英岩台奇特的造型，故而该诗既有“诗碑”“青岩绝壁”“鬼斧神工”等词汇写实，也有“神女”“画家”“无字诗”等意象写意，二者结合形象地描写了张家界以峰林、溪壑、森林为主体的自然风景之“奇”。

2007 年 9 月 27 日张先生第三次游览张家界，此时，澧水南岸的天门山已被开辟为旅游景区，与澧水北岸的大庸古城、天子山景区遥相呼应，张先

---

① 张良皋．闻野窗课［M］．武汉：湖北联中建始中学分校校友会编，2005：9.

② 张良皋．武陵土家［M］．北京：三联书店，2001：13.

③ 张良皋．闻野窗课［M］．武汉：湖北联中建始中学分校校友会编，2005：9.

生留下了“水北隐群峰，探胜寻幽通秘径。天南开巨阙，瞻星礼斗上云梯”① 的联语。“水北隐群峰”指的是澧水以北的黄石寨、天子山主景区的峰林景观；“天南开巨阙”描写张家界市东南的天门山巨大穿山洞穴和高耸石英岩桌形山。虽然诗歌只有两联，却非常形象地概括了张家界市和周边两大景区的地理方位关系。从张家界市内看，澧水北岸黄石寨主景区的峰林景观是看不到的，所以用“隐”字来描述。如果是晴朗的天气，东南面的天门山却看得非常清晰，天门山是典型的“桌形山”，本来就是大庸市的望山和朝山，巨大的穿山洞像个宫阙和城门，所以用“开巨阙”来描述。登临天门山须先攀登 999 步的云梯，攀上云梯则可“瞻星礼斗”。张先生 2007 年与万敏、李在明趁张家界澧水西岸城市设计之机再度攀登天门山，一路上张先生必默数天梯步级，发现只有 600 步的趣事，其老顽童之心态足显。

在描写山岳风光的诗歌当中，张先生最长的一首诗是《登华岳》，这首诗写于 1976 年 7 月，记述了在西峰看日落、在南峰看日出的景象。“手扪星辰”用写意的手法表现了华山之高，举手可摘星辰；“眼底关河”用写实的手法描述华山之高，站在华山之巅可以看到远处的潼关和黄河；“松风伴奏，引吭高歌”描写了华山顶部的松林风景；“灵虚御风，遂下翠微”用列子御风而行的典故描写下金锁关道路的险峻，如腾云驾雾一般。上述这些诗句形象地描述了华山风景“险”的特点。“目之所及，念之所繫。弥高其临，弥远其寄”② 描写了当时激动的心情，虽然想了很多，但又说不出，就像李白登临黄山，只会感叹嚎叫，但没留下任何诗句。苏东坡很准确地描述了这种“若有所思又无所思”的心理状态。在三山五岳中，除了华山以外，张先生对嵩山、恒山、衡山、普陀山、峨眉山等均有诗作留题。《登嵩山》的诗中写道：“架得天梯通峻极，请君刮目看嵩山”③；《登恒山北望》中写道：“极目燕云十六州，苍茫四野尽田畴。”④ 从这些诗句中可以看出，张先生对山峰

① 张良皋．闻野窗课［M］．武汉：湖北联中建始中学分校校友会编，2005：119.
② 张良皋．闻野窗课［M］．武汉：湖北联中建始中学分校校友会编，2005：4.
③ 张良皋．闻野窗课［M］．武汉：湖北联中建始中学分校校友会编，2005：10.
④ 张良皋．闻野窗课［M］．武汉：湖北联中建始中学分校校友会编，2005：31.

比较感兴趣的是其高度和高耸峻拔的形态以及开阔的视野。

在三山五岳中，张先生了解最深刻、诗中文采最为生动的还是武当山，他在《登武当山》中写道：

攒簇青峦紫嶂，掩映碧瓦丹墙。
昔闻九霄广宇，今见太岳阿房。
玄武显灵恍惚，帝孙遁迹渺茫。
谁解英雄御世，彤云长翳武当①。

首句“攒簇青峦紫嶂”形象生动地概括了武当山变质岩的峰丛地貌。其中的“青”字暗示了武当山良好的植被覆盖状况，“紫”字描述了武当山变质岩绛紫般的色彩，这显示了张先生对自然风景的色彩特别敏感。“掩映碧瓦丹墙”写武当山道观建筑丝丝入扣地掩映于峰峦翠微之中，碧瓦朱甍，特别醒目。颔联“昔闻九霄广宇，今见太岳阿房”写武当山的人文风景。“太岳”是武当山的古称，“阿房”即秦朝的阿房宫。尾句“彤云长翳武当”的描写把武当山置于一片祥云紫气、烟霞灵光之中，而这种“仙境灵气”正是武当山的神韵所在，张先生以诗人特有的敏锐感觉，把这种场所精神形象地揭示出来。

5.2.4 诗歌中的水景

张先生单纯写水景的诗作并不多，水景的描写多分散在以峡谷和洞穴为主题的诗作中，如在《题来凤漫水乡阿塔峡》诗中，他用“渊渟山峙赛珠藏”的诗句描述阿塔峡渟膏湛碧、涵幽毓明的潭水特征，“舞影千重色莽苍”则是借助湖面的倒影描写清澈透明的水质；在《赠来凤县》一诗中，他用“潜蛟起舞凤凰翥”② 的诗句描写酉水环绕佛潭岩形成的龙翔凤翥、山趋水汇的山水格局；在《题董家河》一诗中，他用“泄地银河落董家”③ 说明瀑

---

① 张良皋．闻野窗课［M］．武汉：湖北联中建始中学分校校友会编，2005：11.
② 张良皋．闻野窗课［M］．武汉：湖北联中建始中学分校校友会编，2005：136.
③ 张良皋．闻野窗课［M］．武汉：湖北联中建始中学分校校友会编，2005：138.

布之高、水质之纯，如银河泄地，同时说明瀑布是作为董家河的背景而存在的。“高山深隐一壑花”描写了董家河花坞烟瘴、封闭幽静的空间氛围。董家河原为一山涧溪流，因20世纪80年代下游建桃花山水电站构筑拦水坝而形成一个峡谷长潭，原本生长在岸边的树木因水面上涨而被淹没在水下，时间久了，枯树发新枝，在水面上形成一道独特的景观。“倒栽杨柳接仙气”便形象地描述了这种独特的“水上盆景”效果，让人产生人间仙境的错觉。“风送天香到水涯”说明周边植被繁茂，生境良好，处处弥漫着一种花草的芳香。从该诗中可以看出董家河的水景有瀑布、深潭、峡谷，还有花草树木等生态风景，这些要素综合在一起渲染出一个琪花瑶草、烟水迷茫的仙境世界。

水景诗中张先生写的最得意的一首是《题磐潭》，磐潭位于宜昌境内大老岭中，因为张先生在宜昌度过了五年的童年生活，所以对宜昌的自然风景有一份特殊的感情。在《题磐潭》诗中写道：“大老岭中不老泉，天悬清磬奏清潭。轻绡湿染巫山雨，薄雾香分荆楚烟。前路长江三万里，去来往事五千年。夷陵咫尺桃源路，活水烹茶作快谈。”① 首联用“不老泉”趣比“大老岭”，“天悬清磬奏清潭”描写由不老泉瀑布所形成的磐潭，“奏”字含蓄地表达了泉水跌落产生的琴弦般的声音之美；颔联借用“轻绡”“薄雾”描写瀑布跌落时如纱似雾的质感，让人联想到富有历史文化色彩的“巫山雨”“荆楚烟”；颈联“前路长江三万里，去来往事五千年”借景抒情，由磐潭联想到华夏文化之源的长江和华夏民族五千年的悠久历史；尾联通过“夷陵”“桃源”点明周边相关的人文风景，唤起人们对历史的遐思。

《留题卯洞》诗中用“天阙惊开泄巨川，洞庭前路劈千山”一句描述酉水穿越卯洞后一往无前的宏大气势。“泄巨川”表明了水面的宽广和流量之大、流速之快；“洞庭前路劈山川”指流经卯洞的酉水最终流向洞庭湖，但是在沿途还有很多山峰阻挡，被酉水宏大的洪流所切割形成如“劈”的峡谷风景。前两句生动地概括了卯洞外部的空间特色，后两句托物言志，表达作

---

① 张良皋．闻野窗课［M］．武汉：湖北联中建始中学分校校友会编，2005：59.

者老骥伏枥、一往无前的豪迈情怀。故而《题留卯洞》虽以洞名之，其实写的是水景，通过对酉水气势的描写表现了卯洞风景“奇”的特征。《重游尼亚加拉大瀑布》诗中没有直接写视觉景象，而是通过“滚雷”般的声音间接地描写瀑布的规模和落差之大①。

从张先生写水的诗作中可以看出，他描写的水景有两种形态，一种是静态的水景，一种是动态的水景。静态的水景以深潭、湖泊为主，动态水景以瀑布、急流和潮水为主。对于静态的水景，张先生感兴趣的是清澈透明的水质，显示出“秀”的特点；对于动态的水景，张先生欣赏的是龙翔凤翥、银河泄地、惊涛拍岸的宏大气势，显示出“雄奇”的风景特点。由于这种动态的景象可以“比德”人生的进取精神和百折不回的生存意志，故而使张先生的诗作更具有丰厚的思想内涵。

5.2.5 诗歌中的生态环境

张先生以生态环境为主题的诗歌或专门描写生态环境的诗歌很少，但是他对自然风景中的生态环境非常重视，他认为植被覆盖率和林相优美度是评价自然风景资源的重要标准，故而他的大部分诗歌中都隐含有生态环境描述成分，如在《黔江道中见武陵主峰》一诗中他用“岩岫笼云树笼烟，询知身在武陵山”② 的诗句描写黔江石会一带树木菁深、草木葳蕤的植被景观，用“远念桃花冒夏寒”的诗句描述林区的局部气候环境。由于植被覆盖茂密，气温较低，原本多在春季盛开的桃花，在这里夏季方才开放。在《游落水洞伏流北岸峡谷至独家寨》一诗中，他用“悬圃桃源鸡犬唤，杜鹃鸢尾伴幽兰”③ 的诗句渲染利川独家寨鸟语花香、鸡犬相闻的田园风光，诗中交代了鸢尾、杜鹃和兰花几种植物，并点明了“悬圃”之上有“桃源”的地形环境。在《拟赠东湖》和《题武汉东湖》二诗中分别用“风定芰荷挺秀，水清鸥鹭忘机”“江天胜处，芦荻家园”④ 说明了东湖周边滩涂湿地的生态环

---

① 张良皋．闻野窗课［M］．武汉：湖北联中建始中学分校校友会编，2005：96.
② 张良皋．闻野窗课［M］．武汉：湖北联中建始中学分校校友会编，2005：40.
③ 张良皋．闻野窗课［M］．武汉：湖北联中建始中学分校校友会编，2005：137.
④ 张良皋．闻野窗课［M］．武汉：湖北联中建始中学分校校友会编，2005：14.

境，湖边长满了芦苇、菰蒲、白蘋等水生植物，湖中则有荷花莲藕亭亭玉立，因为生态环境良好，也成为白鹭、大雁等水鸟的栖息地，使人联想到“秋风万里芙蓉国”的意境。从诗中可以看出，在这里动植物群落构成的生态环境已成为自然风景的主体，没有这些动植物点缀东湖将变得索然无味。1987 年 10 月张先生首次游历北美，讲学加拿大，便被异国的独特的植物景观所感染，留下的两首诗均与生态环境有关，其一是：“北美清秋绿满陂，罗裙处处拂征衣。悬知天意怜芳草，绿到荒州未足奇。”① 其二是：“斗转星移物候更，丹枫赤帜见邦魂。万山红遍层林染，不待残阳映血痕。”② 第一首说明即使到了秋季，北美大地还保持着旺盛的生机，到处可以看到绿油油的草坪，让人联想到春天嫩绿的芳草，并用“记得绿罗裙，处处怜芳草”的典故进行渲染。第二首诗中“丹枫赤帜见邦魂”说明加拿大的国旗、国歌、国树皆以枫叶为主题，交代了枫树是这个国家的标志，以枫叶作为国家标志不但反映了该国脱离英国独立的历史，同时也说明该国人民对生态环境的重视。后两句借用毛泽东“层林尽染”的诗句描写加拿大以枫树为主要树种的林相之美，即使不是夕阳西下时分，树林仍然像血一样鲜红。由此可见张先生对自然风景中植被、绿化、林相的色彩因素的关注。《喀纳斯湖区林相》是唯一一首以“林相”为题的诗③，诗中记述了地处阿尔泰山的喀纳斯湖区风景区植被景观垂直分异的特点，交代了以白桦、西伯利亚落叶松、西伯利亚冷杉、西伯利亚云杉、西伯利亚红松为主要树种的寒温带林相，并对很多树种冠以西伯利亚的名字表示质疑，这也反映了张先生的爱国主义精神。

自然风景激发了张先生的文思灵感，由此创作的山水诗也记录了他的游踪和对自然风景的现场感受，为我们解读其风景思想打开了一扇窗口。通过对张先生这些诗歌的解读，我们认识了一个有情有义、有血有肉的张良皋，从中感受到其渊博的学识、敏锐的感觉、丰富的想象、浪漫的情怀、高尚的人格。从这些诗歌中我们感受到张先生对崇高、深邃、丰富、生机勃然的自

---

① 张良皋. 闻野窗课［M］. 武汉：湖北联中建始中学分校校友会编，2005：18.
② 张良皋. 闻野窗课［M］. 武汉：湖北联中建始中学分校校友会编，2005：18.
③ 张良皋. 闻野窗课［M］. 武汉：湖北联中建始中学分校校友会编，2005：134.

然风景的痴爱，这从一个侧面反映了其自然风景和自然遗产保护思想。

5.3 张良皋自然遗产案例思想分析

与文化景观的精华属于文化景观遗产相似，自然风景的精华便是自然保护地。随着我国自然资源部的成立，自然保护地又被分为世界自然遗产地和国家自然保护地两级，在2019年6月国务院新出台的《关于建立以国家公园为主体的自然保护地体系的指导意见》中，又把国家自然保护地划分为自然保护区、国家公园和自然公园三类，但在该《指导意见》还没有落实到位的背景下，本文仍沿用原8种自然保护地体制的框架对张先生的自然遗产思想进行解读。我们发现在张先生的研究推动下，现武陵及鄂西北地区自然风景的精华大部分已被纳入各级自然遗产保护体制，如武陵源和神农架分别于1992、1994年被列入世界自然遗产名录；柴埠溪、大老岭于1992年同时入选国家森林公园；星斗山、七姊妹山、堵河、南河源分别于2003、2008、2013、2014年晋升为国家自然保护区；腾龙洞大峡谷分别于1989、2014年被认证为省级风景名胜区和国家地质公园；2014年，长阳清江峡谷也被列入国家地质公园；黄金洞被列入唐崖河省级风景名胜区。这些自然风景从鲜为人知的山林渊薮成为热门的风景旅游景点，与张先生坚持不懈的研究分不开，下文对张先生在这些案例研究中所反映的自然遗产思想进行分类解析。

5.3.1 “山川精髓”之世界自然遗产思想

自然遗产以保护代表地球演化史的自然遗迹、珍稀和濒危动植物种的栖息地与具有突出美学价值的自然地带为主要目标，是自然风景资源中价值最高的部分。武陵地区和鄂西北的世界自然遗产主要有张家界、神农架和梵净山三处，此三处自然遗产在张先生的研究文献中均有论述。因地利之便，张先生对张家界和神农架考察次数更多，研究也较为深入，通过张先生对此二处自然遗产的研究，我们可以窥测张先生自然遗产的思想点滴。

（1）葩盖覆华：神农架

2016年7月，经世界遗产委员会审议表决，根据遗产遴选标准⑨、⑩，神农架被正式列入世界遗产名录。世界遗产委员会的评语是：神农架在生物多样性、地带性植被类型、垂直自然带谱、生态和生物过程等方面在全球具有独特性，拥有世界上最完整的垂直自然带谱。独特的地理过渡带区位塑造了其丰富的生物多样性、特殊的生态系统和生物演化过程，其生物多样性弥补了世界遗产名录中的空白①。

根据张先生的文献记载，他至少三次登临神农架。第一次是1988年带领学生到武当山考察，返程由房县穿越神农架林区，经兴山到秭归。第二次是2003年10月从秭归经香溪、兴山到板岩壁。2004年8月19日至8月25日，他沿神农架周边地区考察7天，途径保康、房县、竹山、竹溪、旬阳、安康、平利等十余县市。除了这三次以外，2005年至2007年之间，他还对神农架周边的巫溪、神农溪、香溪、南河、堵河流域的一些自然风景多次进行考察，故而他对神农架的了解是比较立体和全方位的。在自然风景资源方面，他考察了神农架的高山湿地、植被垂直分异的特征和典型的帽盔形地貌，为神农架自然遗产的申报积累了宝贵的素材（图5－5）。

图5－5 神农架

（图片来源：http：//whc. unesco. org/）

张先生对神农架自然风景的研究主要体现在植被和地形两个方面。他首先敏锐地觉察到神农架植物分布垂直分异的特征，并从历史文献中找到原始

① 联合国教科文组织世界遗产中心网．神农架［EB/OL］．2016. http：//whc. unesco. org/.

依据。他认为宋玉《高唐赋》中的诗句“榛林郁盛，葩华覆盖……上至观侧，地盖底平……”①，描写的就是神农架植被垂直分布的特征，底部为落叶阔叶林，山腰为针阔叶混交林，上部以针叶林为主，顶部是高山湿地。对于神农架的林相之美，张先生有切身的体验，他首次登临神农架，即见“玄木冬荣”的生机旺盛之态；第二次登临适逢初秋，见到“绿叶紫裹，丹茎白蒂”的丰富色彩。他认为神农架的林相之美绝非三山五岳和美国林壑最美的Yosemite所能相比②。对于大九湖区高山湿地旺盛的生境，张先生借花献佛、借古喻今，摘录《高唐赋》中的诗句予以描述：“箕踵漫衍，芳草罗生。秋兰茝蕙，江离载菁。青荃射干，揭车苞并。薄草靡靡，联延夭夭。越香掩掩，众雀嗷嗷。”③ 诗中“秋兰、茝蕙、江离、射干、青荃、揭车”等词汇皆是草本植物的名称，“罗生、载菁、苞并、靡靡”等词汇均是对植物生长的状态描述，诗下文中的“王雎、鹂黄、楚鸠、秭归、垂鸡”等则是古代各种鸟的名称，“嗷嗷、相号、喈喈、更唱”等词汇均是对鸟鸣声的模仿。故而，张先生借助古人之口生动地再现了神农架顶部荣荣的生境和勃勃的生机。他对神农架生态环境的这些评价与世界遗产委员会“这里拥有世界上最完整的自然垂直带谱”的评价高度吻合，即符合世界遗产的第⑨条评价标准。其次，张先生对神农架的地形地貌也进行了研究，他认为《高唐赋》中“上至观测，地盖底平”描写的就是神农架的典型地貌。“架”是“盖”之音转，地盖指帽盔形地貌。万敏教授通过现代地理信息系统对神农架龙降坪的宏观地形进行过模拟，从卫星图上看就是一覆盆状地垒，除了河谷地段外，地垒边缘部分并不太陡峻。高山顶部平旷，凹陷处为大九湖区湿地，可以耕种垦殖。张先生通过史籍考证发现在武陵地区有很多带“盖”字的地名，如在《咸丰县志》保留了很多带“盖”字的地名，如“龙家盖、牛栏盖、京竹盖、袁家盖、升天盖、掌上盖、蛮盖、覃家盖、向家盖、喻家

① 张良皋．蒿排世界［M］．北京：中国建筑工业出版社，2016：114.
② 张良皋．蒿排世界［M］．北京：中国建筑工业出版社，2016：114.
③ 张良皋．蒿排世界［M］．北京：中国建筑工业出版社，2016：114.

盖等"①。

由上可知，张先生对神农架自然遗产最大的贡献便是对其自然风景历史演替的考证和还原，这对以自然地理为主导的世界自然遗产学是一种补充。

（2）鬼斧神工：武陵源

1992年联合国教科文组织世界遗产委员会根据遗产遴选标准⑦批准武陵源风景名胜区列入世界自然遗产名录。世界遗产委员会认为：武陵源地区超过3000余座砂岩柱和砂岩峰，大部分高度在200米以上，峰峦之间，沟壑、峡谷纵横，溪流、潭和瀑布随处可见。除了迷人的自然景观，还因作为大量濒危动植物物种的栖息地而引人注目②。

武陵源世界自然遗产由张家界、天子山和索溪峪三部分组成。根据文献记载，张先生至少四次游历武陵源。1983年张先生首次考察武陵源，当时武陵源还不是世界自然遗产地和国家风景名胜区，尚未与索溪峪和天子山景区合并，其范围仅限于现武陵源景区中的张家界部分。1982年9月张家界由国有农场纳入国家森林公园保护体制，次年5月张先生便考察了其中的凤凰庵、黄石寨、金鞭溪和紫草潭四处。当时从大庸市到张家界森林公园的道路正在翻修，张先生绕道湖中乡从景区西门进入张家界森林公园，首日考察了凤凰庵和黄石寨。他认为张家界的自然风景超过了黄山和云南石林，张家界山峰的尺度规模远比云南石林宏大，比黄山群峰分布集中而且紧凑，山峰之间距离适当，能够形成良好的对景，并能够感受到对面峰峦清晰的质感，产生更强烈的视觉冲击力③。这种感觉就像康德《判断力批判》里所举的瓦萨里关于金字塔报告的例子，观赏距离较近时，能够清晰地感受到对象的质感，但人的视域无法统御对象整体，故而能激发人们内心深处的崇高情感④。在后来的天子山考察中，他认为此处峰林的规模、密度和清晰度都超过黄山的"西海"。在考察中张先生还指

① 张良皋．蒿排世界［M］．北京：中国建筑工业出版社，2016：114.

② 孙克勤．世界文化与自然遗产概论［M］．武汉：中国地质大学出版社，2010：168.

③ 张良皋．张家界［Z］．日记，1983.5.8.

④ 康德．判断力批判［M］．邓晓芒，译．北京：人民出版社，2002：90－91.

出张家界山峰为石英砂岩构造，故风水将其切割成鬼斧神工的形态，他用“神女蹁跹集大庸，巫山空剩十二峰”的诗句类比张家界峰林、峰丛密布之景观①，用“青岩绝壁平如砥，无字诗碑待刻镌”刻画张家界岩台、方山和嶂壁的形态②。对于张家界的峡谷风景，张先生重点考察了金鞭溪、沙刀沟和十里画廊，他认为金鞭溪青嶂夹峙，空间曲折，开合有致，景色之清幽胜过“若耶溪”和“漓江”；十里画廊的山路虽然峰回路转，但是空间没有金鞭溪紧凑；沙刀沟内危岩突兀，绝壁千仞，最为“凶险”和幽邃③。对于张家界植被景观张先生也比较关注，他认为黄石寨下面的原始森林最为壮观，山谷、山腰、山顶皆有树木，山壁林荫悬垂，不亚于肇庆七星岩④。对张家界的总体评价则反映在他第一首诗中：“不数国中第一山……驰骋星球夺桂冠。”如与谢凝高先生自然风景评价的七个标准相比较，张先生眼中的张家界自然风景之价值主要体现了“奇”和“险”字，这些都属于世界遗产第⑦条的评价内容，即绝妙的自然现象或具有罕见自然美的地区。可见张先生对张家界自然遗产价值的认识与世界遗产委员会的评价基本相同（图5-6）。

图5-6 张家界峰林

（图片来源：作者拍摄）

① 张良皋．武陵土家［M］．北京：三联书店，2001：13.
② 张良皋．武陵土家［M］．北京：三联书店，2001：13.
③ 张良皋．张家界［Z］．日记，1988.4.8.
④ 张良皋．张家界［Z］．日记，1983.5.10.

张先生对张家界的关注和认识总是较其所进入的自然保护地类别早先一步，这说明张先生对自然风景认知的超前性，然而张家界毕竟与鄂西存在着省域障碍，对张家界的研究亦非像鄂西一样方便，故而其研究尚欠深入，即便如此，张家界学人对张先生还是非常敬重的。

检视张良皋先生研究、发掘的这两处世界自然遗产，均具有出类拔萃、自然精华的特点。神农架是华中地区第一高峰，拥有世界上最完整的自然垂直带谱，同时也是《山海经》中的灵山和《楚辞》中的高唐，在中国文化史上具有先天的神性。张家界的自然风景，张先生用“驰骋星球夺桂冠”来描述，故而本文借用张先生联语中一词“山川精髓”来概括其世界自然遗产思想。

5.3.2 “人间秘境”之国家自然保护区思想

鄂西北地区，气候温暖湿润，适合动植物生长繁殖，加之地形复杂，较少人类涉足，故而原始生态环境保留较好。湖北省 24 个国家级自然保护区大多分布于鄂西北，而这些自然保护区在张先生的文献中都有记述，如神农架、七姊妹山、星斗山、南河、堵河源、大别山、洪湖湿地等。其中神农架、七姊妹山、星斗山、南河和堵河源 5 个自然保护区张先生关注最多，神农架自然保护区前文已作论述，下面对张先生在其余 4 个自然保护区的调查研究分别予以阐述。

(1) 万壑争幽：七姊妹山自然保护区

七姊妹山自然保护区位于湖北省宣恩县东部，系武陵山的东部主脉，区内自然环境独特，地貌类型多样，珍稀野生动植物资源丰富，2008 年 3 月被批准为国家级自然保护区。

张先生于 2007 年 8 月 13 日取道长潭河谷游览了七姊妹山。长潭河流入贡水汇入清江，长潭河街还保留了部分古民居的遗迹，取水方式与龚滩相似，河街对岸就是悬崖绝壁，景色秀美，山谷曲折蜿蜒，开合有致。据张先生日记记载，该处峡谷的绝壁虽然不似景阳河的双面绝壁，也不及沐抚峡谷的陡峭，但其风景胜过竹山驴头岭峡谷①。海拔1700米处有高山湿地，其高度虽然不及鹤峰摩天岭，但其平旷过之。登上山顶，张先生被区内神奇的自然风光所感染，即兴赋诗一首："千岩竞秀朝穹宇，万壑争幽赴洞庭。牛郎不负七仙女，天上人间守汉津。"②"千岩竞秀"形象地描述了七姊妹山顶部具有地标性的七座山峰的特征；"朝穹宇"则显示了七座山峰的高度；"万壑争幽赴洞庭"交代了七姊妹山底部植被茂密、沟壑纵横的地貌特征和水文状况。鸡公界、龙崩山为保护区的分水岭，南部的山谷溪流汇入酉水，流入沅江，汇进洞庭；北部的山谷溪流汇入贡水，流入清江，汇入长江。此处交代了该山作为酉水、清江水系源头的信息。由于该地属亚热带湿润气候，降水丰沛，酉水切割溪谷，喀斯特地貌发育完整，形成了千岩竞秀、万壑争幽的景观特点，以七姊妹山为代表的绝壁孤峰卓然秀拔，宛若仙女下凡，成为景区内的标志性景观。区内原始林、次生林发育、保存良好，配合复杂的地形地貌，形成菁深幽邃的自然风景特色。从张先生诗句中可以看出，他比较感兴趣的还是奇特的地质、地貌景观。七姊妹山作为国家自然保护区，其自然风景作为生态资源以保育为主，旅游设施并不像风景名胜区那么完善，非专业人员进出观光考察是受限制的，故而张先生对七姊妹山的考察都是顺势造访，谈不上深度研究。

（2）锦谷青岚：星斗山自然保护区

星斗山自然保护区位于清江的源头，利川市、恩施市、咸丰县交界的区域，保护区总面积6.83万公顷，分为东部星斗山片和西部小河片，由于该地气候温暖湿润，野生植物类群繁多，生态系统保留完整。1988年2月21日湖北省人民政府批准星斗山为省级森林和野生动物类型的自然保护区；2003年6月6日中华人民共和国国务院办公厅［2003］54号文件将星斗山自然保护区晋升为国家级自然保护区。

张先生与星斗山结缘很早，1992年7月就在当地谭书记和省林业厅李工

① 张良皋. 七姊妹山［Z］. 日记，2007.08.13.

② 张良皋. 闻野窗课［M］. 武汉：湖北联中建始中学分校校友会编，2005：118.

程师的陪同下考察了此地。据张先生日记记载，当时的星斗山保护区只是一个山头，面积只有1.2万亩。张先生游览星斗山后，留下了“水尽云生熏锦谷，星移斗转焕青岚”[①] 的诗句。诗中没有具体描写星斗山的动植物种群的丰富性，但是用“锦绣”和“焕青岚”二词渲染了该地生机勃勃、蓊郁繁茂的植物景观。“水尽云生”则说明了此地温暖湿润的局地气候环境。“水尽”二字交代了星斗山位于清江源头的地理位置，“云生”则表达了这里温暖潮湿的局地气候特征。诗句虽然着墨不多，但意境生动，寥寥数笔便勾勒出一幅云气氤氲、草木葳蕤的亚热带森林景观。从诗中可看出，张先生关注的不仅仅是局部的生态景观和地质景观，而是风景的综合性的美学特色，这其中包括溪谷、云水、烟霭、翠微构成的综合交响。

与七姊妹山类似，星斗山除在原始森林外有步道穿越外，其余地方也属于非专业人员涉足的禁地。自然保护区作为保护濒危生物资源和稀有物种资源的最后防线，禁止人类活动涉足是自然保护法规所明文规定的，故而张先生身为非动植物保护专业人士，即使有机会进入，也难有深入研究，这致使张先生对该类自然保护地的研究仅停留在“雾中看花”的状态。

（3）巫巴阒奥：堵河源自然保护区

2000年以后的一段时期，由于对巴楚历史文化的研究，张先生对风景的研究兴趣转向汉水流域。2002年11月他考察了堵河的源头田家坝、官渡河和观音峡等地，他认为这里的小河谷气候湿润、水质清冽、土壤膏腴、生机旺盛，适合人类生存，当为中国巴文化的发源地。2004年至2007年间他又对汉水峡谷、南河峡谷和堵河河谷多次进行考察，发掘这里的自然风景和人文景观，写下了“巫巴阒奥，武陵真源”的诗句，诗句准确地描述了这里自然风景和人文风景水乳交融的特点。这里不但有旖旎的自然风光，同时也是巴文化的发源地，这里的溪壑之美为人类上了自然风景美的第一课。原竹山县委书记沈学强为张先生颁发了竹山文化顾问的聘书。2013年6月经国务院办公厅批准，堵河源头成为国家级自然保护区（图5－7）。

---

① 张良皋．闻野窗课［M］．武汉：湖北联中建始中学分校校友会编，2005：45.

图5-7 堵河源头武陵峡

(图片来源：张眺提供)

检视张良皋先生发掘的这些自然保护区案例，都深藏大武陵和巫巴腹地，潜深伏隩，鲜为世人所知，生态系统完整多样，生机旺盛，较少人类的干预和破坏，保留了自然风景原始性、原真性的一面，张先生常用“人间秘境”一词形容巴域的自然风景，“人间秘境”也是其自然保护区理念的体现。

5.3.3 “地理迷宫”之国家地质公园思想

武陵地区由于受清江、乌江、酉水、溇水等众多水系的切割冲蚀，形成了众多的峡谷，这些峡谷曲折逶迤、犬牙交错、地质构造清晰，形成了各式各样奇特的地质景观。目前湖北省共有10个国家级地质公园，其中7个分布于鄂西。神农架地质公园、武当山地质公园、长江三峡地质公园在张先生的研究文献中均有评述，但张先生研究最为投入的是腾龙洞、大峡谷国家地质公园和长阳清江地质公园中景阳河峡谷段，下面分别予以论述。

(1) 洞宇魁元，画屏四翳：腾龙洞、大峡谷地质公园

腾龙洞、大峡谷国家地质公园由腾龙洞景区和恩施大峡谷景区两大部分组成。腾龙洞距利川市城区6公里，由水洞、旱洞、鲇鱼洞、凉风洞等景区组成。景区总面积69平方公里，属中国已探明的最大溶洞，在世界已探明的最长洞穴中排名第七。1989年被湖北省人民政府审定为4A级风景名胜区；

2014 年 1 月被国土资源部认证为国家地质公园。

腾龙洞是张先生重点考察研究的对象，自 1983 年他首次探洞到 2015 年他去世之前，有日记记载的考察就有 11 次之多。腾龙洞可以说是张先生自然风景研究的标志性成果，1985 年他写的《利川落龙洞应该夺得世界名次》使腾龙洞声名远播，现百度百科词条搜索“腾龙洞”，仍有对张先生发表该文社会影响的记载。故而张先生对腾龙洞感情尤深，研究也最为深入、透彻（图 5 -8）。

图 5 -8 腾龙洞

（图片来源：作者拍摄）

由于建筑师的职业习惯，尺度感是张先生考察腾龙洞首先关注的目标，根据张先生当年勘察的数据：“旱洞长 9400 米，已探明总面积 72 万平方米，已知大支洞 27 条，旱洞未探明者尚多，水洞探查刚刚开始。旱洞入口宽 62 米，高 64 米，入洞之后，几乎全程保持此等尺度，最宽处 200 米，中间有垂直高度达到 200 米的妖雾山。水洞入口，清江跌落成为瀑布，宽约 30 米，高约 20 米，枯水期水流量 10 立方/秒，最大流量接近 700 立方/秒，清江咆哮入洞极为壮观。”① 这些数据与现在百度百科网站上公布的数据基本接近：洞口高度 74 米，宽 64 米，洞内最长处 235 米，总长度 52.8 公里，最窄处超过

① 张良皋．腾龙洞题词并记［Z］．手稿，1986.06.04.

40 米，最低处超过 50 米，其中水洞伏流 16.8 公里，洞穴面积 200 多万平方米。现在百度网站上的这些数据是多个科研团队利用先进的专业探测设备经过多次探测的结果，但是张先生在当年设备比较简陋的条件下已基本完成了腾龙洞主体的测量工作，可见其付出的工作量之巨大。2002 年张先生考察过美国卡尔斯巴德洞之后，把腾龙洞与号称世界洞穴之最的美国卡尔斯巴德洞进行比较，他说卡尔斯巴德洞与腾龙洞相比只不过是个小窟窿。

其次张先生比较关注的是腾龙洞的内部空间，他说，“洞穴之美是空间美，只能身历其境才能尽情观赏，用任何现代手段企图再现洞穴之美都是徒劳”①。他认为腾龙洞内部隐藏一个巨大的洞穴群，有待进一步探测，他把腾龙洞主体结构划为三段。入口有二，一为旱洞，即人们通常所说的超大尺度的腾龙洞，二为水洞，即清江伏流的入口“卧龙吞江”。腾龙洞中间段为毛家峡段。尾端出口也有两个，旱洞出口为白洞，水洞出口为黑洞。从旱洞入口至水洞出口中间距离 10 多公里，洞穴内部钟乳林立，琳琅满目，空间迂回曲折，盘曲交错。经过多次实地探勘，张先生对洞内迷宫一般的空间早已谙熟于心，他对洞内每一段的空间特征都进行过精辟的概括，如水洞入口大瀑布他称为“卧龙吞江”；鲇鱼洞旁边的支洞他称为“侧门”；风洞中冒出的水汽石窍他称为“天心眼”；透过响水洞底部可见下面伏流的豁口他称为“天窗”；毛家峡外古河道穿越的三个山洞，他称为“龙门”。考察腾龙洞后他写的一首诗被镌刻在洞口的石壁上，其中有两句：“石穿七窍，泉奏八音”②，生动地描绘了洞内丰富的空间。

恩施大峡谷是清江大峡谷的一段，位于恩施市屯堡乡和板桥镇境内，峡谷全长 108 公里，主要有七星寨、大河碥、大小龙门绝壁、云龙河瀑布、朝东岩等 11 个景区。2014 年 1 月恩施大峡谷与腾龙洞景区一并被批准为国家地质公园。

与腾龙洞一样，恩施大峡谷也是张先生重点研究的对象，有日记记载的

---

① 张良皋．武陵土家［M］．北京：三联书店，2001：19.

② 张良皋．武陵土家［M］北京：三联书店，2001：18.

考察就有9次。为了准确定位恩施大峡谷的风景，张先生专门考察了美国科罗拉多大峡谷，并将恩施大峡谷与之类比，现百度百科搜索“恩施大峡谷”词条仍然能看到该条信息。2004年7月，张先生还以81岁高龄登临大岩龛（朝东岩）、大河碥、前山石壁（七星寨）几处悬崖的顶端考察大峡谷的全貌①。在张先生看来，悬崖绝壁是构成恩施大峡谷风景的主导因素，悬崖绝壁的数量和规模是考量峡谷风景质量的重要标准。在考察恩施沐抚大峡谷时，他按捺不住内心的激动说：“这里几乎成了‘绝壁大会’，仿佛集中了三山五岳的绝壁”②，并以悬崖绝壁为标志景点，把峡谷分为四段：东端入口处的大岩龛（图5－9）、南面的大河碥（图5－10）、西面的前山石壁（图5－11）、北面的后山石壁（图5－12）。为了形象地表达恩施大峡谷的自然风景特色，张先生用比附定位的方法描述恩施大峡谷，在形容后山石壁时（七渡口段），他说，“那一带绝壁实在不减泰华之山”③；在评价前山石壁时张先生说，“与西陵峡黄牛岩的三把刀相比毫不逊色”④。

图5－9　大岩龛

图5－10　大河碥

---

① 张良皋．沐抚大峡谷［Z］．日记，2004.7.12.

② 张良皋．武陵土家［M］．北京：三联书店，2001：7.

③ 张良皋．武陵土家［M］．北京：三联书店，2001：7.

④ 张良皋．武陵土家［M］．北京：三联书店，2001：7.

图 5-11 前山石壁

图 5-12 后山石壁

（图片来源：作者拍摄）

其次，张先生认为沐抚峡谷的空间层次很丰富，主要表现为，峡谷在纵深方向有转折，横向维度有开合，垂直维度有层次感。这是张先生从恩施沐抚大峡谷中发现的，恩施沐抚峡谷在水平方向有几个明显的转折点，随着谷线的转折，峡谷的开启度随之变化。峡谷东端入口朝东岩的位置，峡谷豁口开启度较大，在太阳塆、高台村转弯处峡谷收窄，在大河碥和蔡家坪之间的谷段逐渐变得宽敞，转过蔡家坪向北又逐渐收窄，到七渡河结束。在垂直维度上，上层为悬崖，中间为缓坡，下层为幽深的峡谷，在峡谷底部收窄为云龙地缝。由于恩施峡谷曲折的空间形成了多个观景的山口，张先生认为这是欣赏恩施大峡谷最佳的视点，能够观赏每一段峡谷的全貌，空间围合度高，景观纵深层次丰富，而沿沐抚峡谷四周，这样的山口数以百计，每个山口有每个山口的特点。他认为华山、黄山以形体胜，而沐抚峡谷则是空间、形体兼备，并以空间取胜，处处都有可观景的山口。张先生曾把沐抚大峡谷与美国科罗拉多大峡谷类比："若与美国的科罗拉多大峡谷论壮观，恩施大峡谷与之难分伯仲；若论风景之秀美、景观之丰富、层次之多样，恩施大峡谷则远胜于科罗拉多大峡谷。"① 从这些评价中可以看出，美学效果是张先生考察恩施大峡谷的主要视角，这与世界遗产的第⑦条评价标准高度吻合，也与国

① 张良皋．构建大武陵旅游文化圈之我见［J］．旅行，2003（03）：20-25.

家级风景名胜区评价标准中的丰富性、稀有性相吻合。

（2）渊渟山峙：长阳清江国家地质公园

在长阳清江国家地质公园中，张先生重点考察了景阳河峡谷和隔河岩水库一段。景阳河峡谷位于建始县境内，由于清江的切割冲蚀作用，峡江两岸峭壁如削，气象峥嵘，是八百里清江中最美的一段，被人们喻为“清江画廊”。现与清江大峡谷景区、蝴蝶岩景区、黄鹤峰林峡谷景区、小西湖国际度假中心、建始直立人遗址共同构成野三峡景区。2012 年 1 月该景区被国家旅游局认定为国家 4A 级景区，其上游的长阳小三峡于 2014 年被批准为国家地质公园。

张先生于 1993 年 8 月 10 日考察了长阳小三峡，1999 年 10 月听恩施旅游局局长陈宗玖先生的介绍后考察了景阳河峡谷。第一次到此游览，便被这里的美景所打动，他认为景阳河峡谷最突出的特色是两面皆为绝壁（图 5－13）。在张先生看来，两侧都是绝壁的峡谷景观质量明显高于一侧是悬崖的峡谷，他把景阳河峡谷的风景与长江三峡做对比，认为长江三峡的绝壁主要集中于瞿塘峡、巫峡、夔门峡三段，“除了瞿塘峡风箱峡以外，其余的都是单面绝壁……而景阳河则都是双面绝壁”①，且景阳河绝壁的高度大半超过瞿塘峡中的黄牛岩。其次，他认为景阳河峡谷植被覆盖茂密，生态环境良好。在考察景阳河峡谷时，他写道：“即使序属清秋，也是树木繁茂，蓝天红叶，碧水清岚，充满生机，而沐抚则几乎是一片枯山水。”② 考察过景阳河峡谷以后，张先生把清江的峡谷排成序列，把上游恩施的沐抚峡谷比作三峡中的瞿塘峡，把建始景阳河峡谷比作巫峡，把长阳小三峡与西陵峡相比。他认为八百里清江的每一寸都是风景，各有千秋，不同江段的峡谷共同构成了清江画廊的美景。从张先生对景阳河峡谷的评价中可以看出，他仍然以综合的美学效果为主要考量标准，与世界遗产评价标准中第⑦条的内容比较接近；在考察过清江峡谷之后，他还推测清江峡谷的一系列地貌的地质成因，他认为可

① 张良皋．武陵土家［M］．北京：三联书店，2001：10.
② 张良皋．武陵土家［M］．北京：三联书店，2001：10.

能是由于地质史上的三峡壅江事件，导致长江改道后江水冲蚀的结果，这与世界遗产评价标准的第⑧条内容有些关联，即记载地球演化史中重要阶段和地貌演变中的地质过程①。

图 5－13　景阳河峡谷

（图片来源：http；//image. baidu. com/）

另外，张先生由清江峡谷系列联想到武陵山区其他峡谷的风景，并把武陵地区峡谷的自然风景资源进行横向关联对比。他认为乌江上游的唐崖河、沅江上游的酉水和澧水上游的溇水与清江峡谷盘纡交错，每条峡谷都可能隐藏着神奇的风景。事实证明张先生的推测是正确的，酉水上游有落凤潭、卯洞、阿塔峡等著名自然风景，唐崖河上游有黄金洞、唐崖土司城等。张先生把这些自然景观资源当作一个系统看待，这与国家风景名胜区评价标准中的“完整性”的内容比较吻合。

检视张先生发掘的这些地质公园，集中了奇峰、悬崖、峡谷、地缝、暗河、洞穴、天桥等地质奇观，地质构造复杂，喀斯特地貌发育成熟，故在《武陵土家》一书序言中，他把武陵山脉腹地称之为“神秘的地理大迷宫”，这一描述正是对他地质公园思想理念的生动概括。

5.3.4　“自然生境”之国家森林公园思想

鄂西地区地处秦岭、淮河以南，气候温暖湿润，水源充足，适合植物生

① 郭万平．世界自然与文化遗产［M］．杭州：浙江大学出版社，2006：6.

长发育，加上复杂的地形环境，交通不便，故而保留了较多的原始森林。湖北省现有国家森林公园 37 处，大多分布于鄂西武陵地区和巫巴山地，在张先生的文献中对这些公园多有论述，如神农架国家森林公园、柴埠溪国家森林公园、大老岭国家森林公园、大洪山国家森林公园、大别山国家森林公园等，其中对柴埠溪和大老岭森林公园研究较为深入，下面对张先生在这两处森林公园研究中所体现出的自然风景思想分别予以论述。

（1）林壑幽邃：柴埠溪国家森林公园

柴埠溪国家森林公园位于宜昌五峰土家族自治县，古称渔阳关，是一个典型的大峡谷风景区，包括坛子口、大湾口、蛟口、断山口四大景区，总面积 6667 公顷。1996 年 8 月被原国家林业局批准为国家级森林公园。

张先生于 1993 年 8 月考察了柴埠溪。他认为柴埠溪虽然没有张家界空间变化大，但是风景主要集中在山口，如坛子口、大塆口、蛟口、断山口，特别适合自上而下俯瞰，俯瞰观赏到的风景效果不逊于黄山，却又省去了攀登的辛苦①。张先生同时认为，峨眉山、泰山正面仰视观赏效果最好，而柴埠溪、沐抚峡谷登顶俯瞰山口的观赏效果最佳。张先生这几句话不仅准确地道出了柴埠溪自然风景的特点，并且指出了适合该类风景的最佳观景模式，这是一般的风景学者所忽视的。从中国传统山水画的构图中可以看出，传统的观景模式以仰视为主，但是这种观景模式在观赏顶部平齐的峡谷类风景中，效果并不好。张先生总结出这种观景方式对台原类峡谷风光特别适合，这显示了张先生敏锐的洞察力。

首次游览柴埠溪，张先生便写有一诗描述该地风景：“渔夫深闭渔阳关，柴埠现溪不现山。倭寇鸱张曾铩羽，义师豹隐未露斑。天开图画应人瑞，地焕文章待政宽。莫笑南阳刘子骥，问津错认武陵源。”② 该诗非写景纪实，而是以追溯日寇进剿的历史，咏史怀古为主，但诗中首尾二句以“柴埠现溪不现山……问津错认武陵源”的句子生动地描绘了柴埠溪峰峦嵯峨、林木蓊郁

① 张良皋．柴埠溪［Z］．日记，1993.08.08.

② 张良皋．武陵土家［M］．北京：三联书店，2001：13.

的自然风光。“柴埠现溪不现山”描写的是峡谷底部的风景，因为树木茂密，遮天蔽日，故而只能看到脚下的流水，抬头仰视却看不见山峰；“问津错认武陵源”描写的是柴埠溪的整体意象，其中的“问津”二字原意是询问渡口的意思，这里指询问地名之意。“武陵源”即张家界，因柴埠溪的风景与张家界非常近似，同属于由石英砂岩构成的峰林、岩台、峰芽、峰笋地貌，故而对于陌生的游客来说，很容易误以为是张家界。颔联通过对抗日战争时期我军在此地伏击日寇历史的回忆，间接地说明了该地复杂的地形环境和茂密的植被（图 5 - 14）。由此可以看出，张先生对柴埠溪的这些评价与世界遗产评价标准第⑦、⑩条的精神内涵相近，即绝妙的自然现象或具有罕见自然美的地区和生物多样性资源基地。

图 5 - 14　柴埠溪

（图片来源：http：//image. baidu. com/）

（2）楚乡烟霞：大老岭国家森林公园

大老岭国家森林公园位于宜昌市夷陵区、秭归县、兴山县三县交界处。森林公园总面积 5972 公顷，森林覆盖率 98%，公园内动植物种群繁多。1992 年经原林业部批准建立大老岭国家森林公园。

因为张先生童年求学的经历，宜昌实为其童年时期的第二个故乡，大老岭是其游钓旧地，他对大老岭国家森林公园的一草一木都非常熟悉，充满了强烈的感情色彩。1994 年 7 月至 8 月间，张先生故地重游，游览了大老岭中磨笄山、五指山、磐潭等几个景点，在《登磨笄山》中他写道：“儿时常拜磨笄山，遥想九霄天外天。五岳归来初蹑步，烟霞竟是楚乡甘。”① 从字里行间可以感受到浓浓的乡情。在《题磐潭》诗中他用“轻绡湿染巫山雨，薄雾香分荆楚烟”② 的诗句，极富想象力地描写了磐潭渟膏湛碧、飞珠溅玉的清澈水质，诗中用“巫山”“桃源”等具有历史色彩的景观渲染环境氛围，并以水比德人格，把人引入遥远的想象空间，唤起历史的遐思（图5-15）。

图5-15　张良皋在大老岭国家森林公园

（图片来源：张眺提供）

纵观张先生的自然风景思想，主要集中在地景方面，地景方面又以峡谷、洞穴为主，尺度、空间、形态和观赏维度是其关注的主要视角。尺度方面以大为美，超大的尺度是衡量风景质量的主要标准；空间方面以复杂性、丰富性为美，主要表现为层次感、曲折、开合变化的幅度；形态则以陡峻度为美，悬崖的维数成为主要的考量标准；观赏视角追求四个方向都能观赏，四面有景为主要目标。总体美学特征追求神秘和崇高，这也是武陵地区自然风景资源的突出特征，故而他把武陵地区称为“神秘的地理迷宫”。

张先生对鄂西自然风景资源所做的发掘工作，可以用“筚路蓝缕，以启山林”来概括。20世纪80年代鄂西虽然坐拥丰富、神奇的自然风景资源宝

① 张良皋．闻野窗课［M］．武汉：湖北联合中学建始分校校友会编，2005：59.

② 张良皋．闻野窗课［M］．武汉：湖北联合中学建始分校校友会编，2005：59.

藏，但由于交通闭塞，蒙昧未开，这里在人们的意识之中还属于风景旅游的“盲区”，经张先生持续的研究和不遗余力的宣传推介，恩施大峡谷、腾龙洞、景阳河峡谷、柴埠溪峡谷、七姊妹山现都已被纳入各种类别的自然遗产保护体制，成为享誉中外的风景名胜区。

5.4 张良皋自然风景思想总结

通过前文对张先生山水诗词的解读和自然遗产案例的分析，笔者用“境”“比”二字概括张先生的自然风景思想，下面以此为纲对张先生自然风景思想进行解析。

5.4.1 “境”的思想观

“境”原意为边界、地方和状况，后多被人引申到精神领域，表达一种思想层次，即“境界”。吴良镛先生把现代风景园林学科定位为“地景学”①，杨锐教授则将其发展延伸为“地境学”，他认为“境”有“道、德、理、术、用、制、象、意”八个范畴②。“境”是建、规、景学科在营造人居环境时的一种最高目标和追求。香港大学的风景园林专业名为“境营系”即取此意。由于类似意境的表述具有只可意会、难于言传的特点，诗歌便成为表述意境的极佳手段，其惜字如金的风格、意蕴无穷的联想、吐故纳新的手法所形成的诗境便成为对自然风景的高度概括，由诗凝练出的一些词汇也成为自然风景类别的代称甚至价值体现。张先生在自然风景学方面的思想成就无疑具有上述特征，故而本文用“境”予以概括。笔者认为张先生的“境”具有以下三方面的内涵。

首先，张先生“境”的思想表现为他擅用诗境概括自然风景的特征与价值。他往往用一两句话就能准确、生动地概括自然风景的特色，这得力于他的国学功底，可以说国学培养了张先生对自然风景敏锐的观察能力和准确的概括能力。“境”不是对自然风景中某一要素的孤立描述，而是对自然风景

---

① 吴良镛．关于园林学重组与专业教育的思考［J］．中国园林，2010（01）：27－32.
② 杨锐．论“境”与“境其地”［J］．中国园林，2014（06）：5－11.

中所有空间要素统觉处理后的调式化呈现，是心理空间与物理空间的叠加结果，故而，“境”赋予自然风景以灵魂。在张先生描述风景的词汇中，用得最多的是“秘境”和“仙境”两种意象，如他用“神秘的地理迷宫”来概括鄂西自然风景的整体特征，既暗示了武陵地理空间的曲折复杂性，又交代了空间隐秘封闭的特点，与谢凝高先生“武陵天下奥”的观点相吻合；在描述巫巴山地风景时，他用“周南秘境，武陵真源”① 的诗句来概括，不但从地理的维度指明了巫巴山地荒僻幽邃的空间属性，也从历史的维度指出了该地隐晦渺茫的文化背景；在描述沐抚大峡谷时，他用“人间秘境，天外仙居”② 来概括其幽深隐蔽的整体空间特征以及内部暗藏的仙居环境。有些地方虽然未用“秘境”二字，但同样给人以神秘的联想，如他用“精灵世界，梦幻乾坤”③ 描述鄂西洞穴古怪精灵、亦幻亦真的风景特征；用“山灵水怪千姿照，地脉天心一点通”④ 的诗句概括犀牛洞神秘复杂、幽晦难测的环境；在描写董家河时他用“高山深隐一錾花”⑤ 中的“隐”字概括此地风景“秘境”的特征；在描述阿塔峡的风景时，他用“渊渟山峙”来形容峡谷清幽的环境，这些诗意的描述，句句惜墨如金，却极为准确、生动。

另外，张先生常用“仙境”二字概括鄂西的自然风景特色。在描述腾龙洞内风景时，他用帝座、龙泉、玉阙、瑶池、云旗、天梯等富有想象力的词汇来概括其中钟乳石林琳琅满目的诗境；在描写张家界天门山、腾龙洞入口、卯洞等一些洞穴风景时，他用“巨阙”一词来形容，收到了点石成金的效果；在描写黄金洞时，他用“神仙存窟宅”来概括其内部空间特征，激发读者无穷的想象力。他用“悬圃”一词概括木鱼寨、二仙岩、船头寨和恩施老州城一类的高崖地台类风景，用“桃源”一词概括彭家寨、庆阳坝、枫香坡、董家河、花果坪等河谷类地形环境。这两者均是张先生结合武陵山地人

---

① 张良皋．闻野窗课［M］．武汉：湖北联合中学建始分校校友会编，2005：118.

② 张良皋．闻野窗课［M］．武汉：湖北联合中学建始分校校友会编，2005：45.

③ 张良皋．建设施州风景名胜区刍议［Z］．手稿，1983. 12. 9.

④ 张良皋．闻野窗课［M］．武汉：湖北联合中学建始分校校友会编，2005：22.

⑤ 张良皋．闻野窗课［M］．武汉：湖北联合中学建始分校校友会编，2005：138.

居环境和自然风景特征总结出来的仙境模式。据统计，张先生的风景诗中带“仙”字的就有十多首，这并不是因为张先生词汇贫乏，而是“仙境”二字除生动地概括了鄂西神奇灵秀的地理特色外，同时也表达出亚热带湿润宜人的气候环境，“仙”成为张先生描述鄂西自然风景的标志性名词。万敏教授通过地理信息系统发现，悬圃和桃源两种风景类型在武陵山地确实很普遍，“仙境”并不是“神话”，而是活生生的现实。故而张先生采用诗境的方法对鄂西自然风景的概括，既符合鄂西地貌特征，具有武陵地域特色，同时又可激发游客无限的遐思。

其二，张先生“境”的思想还表现为他擅用典故传递自然风景的深刻内涵。在描写竹溪蒋家堰风景时，他写道：“周南秘境，楚塞雄关。巫巴阒奥，武陵真源。”① 蒋家堰在西周时期为周南旧地，也是诗经中《周南》民歌产生及流行的地方，张先生用周南之典说明了该地是中国古代诗歌发源地的地位，楚塞雄关又点明了此地曾为春秋战国时期秦楚两国重要的军事要塞和边境重镇；“巫巴阒奥”暗示该地神秘、悠久的“巫”文化和史前巴子国的野史；借助“武陵证源”的典故说明该地自然风景宜居且隐蔽的特征，同时也通过与秦地及南阳之地缘关系暗示了此地才是桃花源的原始模板。在描述竹山柳林的自然风景时，他写道：“天梯云栈，古寨严城。庸巴奥阒，秦楚秘津。”② 说明此地既有行盐古栈道风景之险，又具古寨严城的山河之固；后两句则表达该地为庸国、巴国和秦楚的旧地。秘津指该地控制堵河航道，占据交通枢纽的位置。这些用典不仅蕴含了丰富的风景信息，也有宏观的大国方舆信息，同时还有深厚的历史内涵。可以看出张先生是在历史时间轴和地理空间轴上来定位地域风景的，这深刻地揭示了自然风景的场所精神。在考察鱼木寨时，他用“西风陵阙、南国衣冠”渲染风景气氛，让人感受到一种历史的沧桑感③。“西风陵阙”典化李白“西风残照，汉家陵阙”的诗句，形容鱼木寨寨门和城墙的孤野，把人的思绪引向一度辉煌的遥远历史；“南国

① 张良皋．闻野窗课［M］．武汉：湖北联合中学建始分校校友会编，2005：118.
② 张良皋．闻野窗课［M］．武汉：湖北联合中学建始分校校友会编，2005：115.
③ 张良皋．武陵土家［M］．北京：三联书店，2001：54.

衣冠”典化“晋代衣冠成楚丘”的诗句，说明此地有营造精美的土家族陵墓群；“熊虎为质”和“廪君旧国”则引用了《后汉书》中有关巴人先祖为廪君的记载，说明清江流域为巴人的发源地，白虎为《华阳国志》《山海经》等史籍中巴人的图腾；“杜鹃为魂”和“望帝仙都”借用古代蜀国皇帝望帝化为杜鹃的典故交代了此地与蜀国的历史文化渊源；“咸池雨泽”说明了该地史前悠久的盐文化和巫文化；“悬圃田庐”则转译《离骚》中“悬圃”的意象对鱼木寨的地形环境予以概括。诗歌采取了“蒙太奇”式的手法展示了风景时间轴上的多层历史剖面，当下的风景成为文学棱透镜下的多义风景。故而张先生擅长用典故描述风景的手法具有以少胜多、小中见大的效果。中国古代善于化用典故的诗人不在少数，汉代的张衡、南朝的庾信、唐代的王勃、李商隐等，其诗作均有一种酱香型陈酿的味道，比王维、孟浩然、张若虚等小清新的清香型品味厚重。如典故使用不当，也容易给人产生“掉书囊”的感觉，读起来佶屈聱牙、晦涩难懂。但是张先生用典比较节制，并用得恰到好处，这使其风景诗具有了一种历史切片的感觉，诗中的典故呈现了自然风景的多层历史剖面，剖面的最表层便是当下的风景，所以，张先生用典也是一种思想境界，他为自然风景的理解与欣赏，建立了一个时间轴线，拓展了自然风景的历史纵深感。

其三，张先生“境”的思想还表现为其“借景言志”的情怀。张先生一生对政治不感兴趣，对“文革”颇有微词，对自然风景的偏爱是其逃避政治的一种方式，也反映了文人不为五斗米折腰的气节和骨气。所以，在描写自然风景时，他屡次用“桃花源”和“悬圃”这些意象，这两个词语既是对武陵聚落环境的生动概括，也是张先生心灵意象的符号，反映了他对陶渊明和屈原高尚人格的崇敬之情。在《黔江道中见武陵山主峰》诗中他用“迟来应羡黄山谷，路尽欣逢世外源”① 的诗句来表达对世外桃源生活的向往；在《题南漳玉印岩》一诗中，他写道：“千秋辗转宫禁，何如返朴归真”②，借

① 张良皋．武陵土家［M］．北京：三联书店，2001：14.

② 张良皋．闻野窗课［M］．武汉：湖北联合中学建始分校校友会编，2005：60.

助和氏璧的遭遇表达他对政治生活的厌恶以及对淳朴山野生活的向往；其次，张先生也通过借景言志的方式表达对国家前途、民族命运的关注，对未来美好生活的向往，如在《登六和塔》一诗中他用“毕竟苍昊怜赤县，六鳌负戴免沉沦”[①] 表达拨乱反正后喜悦的心情，以及对国家的未来充满了信心；在《海宁观潮》一诗中，他用“好决清波流恶尽，何劳强弩射潮低”[②] 的诗句来表达他对社会丑恶现象的鞭策以及对改革寄予的厚望。还有一种“言志”的方法是张先生以景喻人，歌颂自然风景济世利人的美德，如在《题沐抚巨壑四绝句》中他用“此去海溟多返顾，武陵深处润苍生”[③] 表达自己对清江无私奉献精神的敬仰。同样，在《游宣恩龙洞水库》中他用“但得苍生霑雨泽，神龙不惜永沉渊”[④] 的诗句表达了对造福人民、无私奉献精神的崇敬之情。有时在以景喻人的诗中，张先生也会联想到自己坎坷的人生经历，并抒发一下老骥伏枥的情怀，如《留题卯洞》一诗中，他用“蛟龙不是池中物，五岳当途也枉然”[⑤] 表达自己豪迈不羁的个性和远大的人生抱负；在《重到茅坡营苗寨》一诗中他用“几番野火烧不尽，依旧春风一片青”[⑥] 诗句表达自己倔强不屈的生存意志和乐观向上的追求。上述这些诗中均显示了张先生将自然风景人格化、拟人化的倾向，如辛弃疾的“我见青山多妩媚，料青山见我多如是”。同时，张先生对风景的人格隐喻多是从道德层面比拟的，由山水联想到崇高的道德情感，如范仲淹写在严子陵祠的对联：“云山苍苍，江水泱泱，先生之风，山高水长。”张先生这种借景言志的方法，属于典型的“比德”手法，寄托了张先生的思想情怀与境界，同时也升华了其所关注的自然风景，并丰富了其中的人文内涵。

5.4.2 “比”的思想观

“比”最早见于甲骨文，其本义是夫妇并肩匹合，即《说文》：“比，密

---

① 张良皋．闻野窗课［M］．武汉：湖北联合中学建始分校校友会编，2005：72.
② 张良皋．闻野窗课［M］．武汉：湖北联合中学建始分校校友会编，2005：12.
③ 张良皋．闻野窗课［M］．武汉：湖北联合中学建始分校校友会编，2005：105.
④ 张良皋．闻野窗课［M］．武汉：湖北联合中学建始分校校友会编，2005：54.
⑤ 张良皋．闻野窗课［M］．武汉：湖北联合中学建始分校校友会编，2005：22.
⑥ 张良皋．闻野窗课［M］．武汉：湖北联合中学建始分校校友会编，2005：118.

也”，引申为并列、亲近、挨近、相连接、勾结、等同、比较等义。张先生擅长用“比较”的方法突出风景的特色，并在此基础上对自然风景进行提升定位，鄂西的很多著名自然风景都是通过他的比较而获得世界影响的，如腾龙洞、恩施大峡谷和景阳河峡谷等。故而笔者用“比”字来概括张先生这一自然风景思想。检视张先生的诗作和文献，“比”的思想观体现在以下两个方面。

首先，张先生擅用比较的方法凸显自然风景的价值，比较可能是多维度的，由于建筑师的职业习惯，尺度是他优先比较的目标。在研究洞穴时，他把腾龙洞与号称世界之最的美国卡尔斯巴德洞进行比较，卡洞大洞厅长 396 米，宽 198 米，高 87 米，而腾龙洞仅旱洞长就达 9450 米，绝大部分高于 50 米，高于百米者有多处，故高度超过卡洞不成问题，唯宽度稍逊，现已测得的最宽处为 174 米①。但就洞的尺度而言，卡洞则要逊色得多，故在考察过美国的卡尔斯巴德洞之后，他风趣地说，卡洞与腾龙洞相比只不过是个小窟窿。在考察峡谷风景时，他把沐抚大峡谷与美国科罗拉多大峡谷进行比较，他说：“科罗拉多河全长 2333 公里，是清江全长 423 公里的 5.5 倍，科河的总落差约 3500 米，大于清江总落差 1430 米；但科河所经是沙漠地带，雨水稀缺，河口年平均流量 311.5 立方米/秒，少于清江的 464 立方米/秒；科罗拉多大峡谷北岸海拔 2500 米，南岸海拔 2200 米，比清江两岸制高点 1900 米要高，但峡谷相对深度都在 1700 米左右。”② 他认为二者在尺度上不相伯仲，在景观的丰富性和人居环境的友好性方面，恩施大峡谷要更胜一筹。

张先生“比”的思想还体现在对风景特征的对比上。在比较科罗拉多大峡谷和恩施大峡谷时，他将生态环境作为一个主要因素进行对比，他指出：“科河生态恶劣，寸草不生，动物也就难以存活，古印第安人曾有少数在此峡谷中求生，但不成气候，至今竟成无人地带。清江地区，雨泽丰沛，树木繁茂，大量的动物在此飞走游潜，生息繁衍，甚至有能力养活 300 万人

---

① 张良皋．利川腾龙洞风景区规划建议书［Z］．手稿，1986.12.22.
② 张良皋．清江大峡谷［Z］．手稿，2004.11.08.

口。"[①] 故而他说："若论风景的秀美、景观的丰富、层次的多样，恩施大峡谷的沐抚段则远胜于科罗拉多大峡谷。"[②] 他认为恩施大峡谷的优势正在于景观的丰富性。在考察景阳河峡谷时，他把景阳河峡谷两侧的地形与长江三峡作对比，他认为长江三峡的绝壁主要集中于瞿塘峡、巫峡、夔门峡三段，除了瞿塘峡风箱峡以外，其余的都是单面绝壁，而景阳河则都是双面绝壁[③]。因为对比是强调的二者的区别和反差，故而通过对比，能够发现风景的本质属性与特点，强化人们对不同区域自然风景特征的认识。

其二，张先生"比"的思想还体现为张先生擅用类比的方法疏解自然风景之间的联系。类比的内容是多方面的，张先生作为职业建筑师，首先关注的是造型因素。在考察沐抚大峡谷时，把其中的绝壁与全国其他著名景点中的绝壁进行类比，把后山石壁与泰山、华山的悬崖相比，把前山石壁（七星寨）与西陵峡中的黄牛岩相比，把桡杆山与武夷山的玉女峰相比。虽然这些山峰的地质构造和矿物成分并不完全相同，但其造型特征基本相近，通过引譬援类的比较，人们对陌生的风景有了直观的意象；在考察张家界时他把黄石寨的峰林景观与巫山神女峰类比，尽管神女峰是石灰岩构造，张家界峰林为石英砂岩构造，但二者造型特征极其相似，都呈现为峰笋和峰芽的状态；在考察金鞭溪时，他同时把金鞭溪与浙江的若耶溪和广西桂林相类比，类比的内容主要是清澈的水质和清幽的环境；在考察鱼木寨时，张先生把鱼木寨南面的下山道路与华山的苍龙岭相比，把"亮梯子"与华山的"千尺幢"相比，以凸显鱼木寨的险要程度；考察五峰县柴埠溪时，他写到"问津错认武陵源"，这说明二者之间的风景极度相似。去过二地的人都知道，柴埠溪与张家界不管是地质构造、山峰的形态还是植被类型，二者都比较相似，不同的只是规模。除了对自然风景的某一要素进行类比外，张先生也对风景系统的整体综合特征进行类比。在描述清江大峡谷整体风景特色时，他把长阳段比作西陵峡，景阳河段比作巫峡，沐抚段比作夔门峡，从地理学、地质学角

---

① 张良皋．清江大峡谷［Z］．手稿，2004.11.08.
② 张良皋．构建大武陵旅游文化圈之我见［J］．旅游，2003（03）：20－25.
③ 张良皋．武陵土家［M］．北京：三联书店，2001：10.

度指出了清江三峡的成因。在风景学研究方面，类比的方法非常高效，拿来作类比的对象通常为著名风景中的标志性景观，通过类比，陌生的风景马上在人们心目中鲜明起来。但是这种方法并非人人都能使用，它需要渊博的知识、广阔的视野和丰富的阅历，若知识面狭窄，阅历浅薄，即使想做一些关联比较，也“无类可比”，张先生具备这样的阅历和学养，故能信手拈来，妙笔生花。

在考察山岳风景时，他把武陵地区的一些标志性的制高点与三山五岳的海拔进行类比。巴山最高峰大神农架，海拔 3150 米，高于峨眉山的 3099 米，高于五台山的 3058 米。梵净山作为武陵山主峰，海拔 2494 米，与附近海拔 2570 米的凤凰山，都高于 2200 米的华山的落雁峰①。位于建始的天鹅池，作为巫山在江南一段的最高峰，海拔 2090 米；五峰县的壶瓶山作为武陵正脉，海拔 2099 米，这些山峰普遍高于 1545 米的泰山、1864 米的黄山、1474 米的匡庐、1056.5 米的雁荡山、1098 米的天台山、1512 米的嵩山和 1300 米的衡山。景观的尺度是评价风景资源价值的一个主要指标，尺度的大小能显示自然风景的代表性、典型性和奇缺性，故而张先生的类比也是有的放矢的。

对比和类比是张先生“比”的自然风景思想的主要体现，对比强调的是寻找自然风景的差异，类比意在寻找自然风景之间的联系，差异与重复是人类认知自然、建构知识体系的主要途径②，对比与联系也是寻找事物规律的主要方法，张先生能熟练运用对比和类比来突显自然风景特色，足见张先生幕后所费的精力及学术功力。

在上一章中，我们将张先生的文化景观思想概括为“堪、源、求、真”，由于文化景观可比附于人文风景，而人文风景与自然风景两者同构风景学，故而其中有些思想是相通的，如“堪”“真”两者，张先生在自然风景研究中也有体现，限于篇幅，本文不再举证；但“境”“比”在其自然风景思想中无疑更为突出，这即是本节以此二字为总结之原因。

---

① 张良皋．武陵土家［M］．北京：三联书店，2001：V.

② 亚里士多德．形而上学［M］．吴寿彭，译．北京：商务印书馆，2016：51.

“境”“比”的思想反映了张良皋先生自然风景研究的旨趣、方法和理念。立足于风景园林学科的立场定位其自然风景思想，首先张先生对鄂西自然风景的发掘研究，拓展了国内风景园林学者传统的研究领域，具有鄂西自然风景研究拓荒者的意义。其次，在风景学的研究方法上，比附定位法通过与著名风景案例的关联对比使陌生的自然风景特征得到直观的呈现，从传播学的角度看，产生了事半功倍的效果；“境”的描述方法发扬了中国“意境”美的优秀传统，体现了张先生对空间诗学的眷恋和追求，体现其对人与自然风景交互经验的重视①。该方式对自然风景的描述不是停留在客观认知的基础上，而是融入描述者的文化教养和生活经验的成分，经过联想和想象等心灵的过滤对自然风景空间特征的调式化呈现，赋予自然风景以情景化、人格化的特征。故而，从研究方法上看，张先生的研究拓展、丰富了传统风景学的研究方法。

5.5 本章小结

自然风景是张良皋先生晚年比较醉心的研究领域，也是颇能显示其性情的研究领域，其诗人的气质、敏锐的感觉和比附定位的诠释方式使其该方面的思想成果独具一格。

首先，本章从张良皋先生的人生历程中梳理出与自然风景有关的社会经历，划分出其自然风景思想发展的两个阶段：执教之前和执教时期，整理出各个阶段的标志性学术实践活动和学术成果，分析其思想形成的外部诱因和内部动因，追寻其自然风景思想发展演化的轨迹。

其次，本章对张良皋先生留下的大量山水诗进行解读，根据描写内容把其划分为洞穴类、峡谷类、奇峰类、水景类和生境类五个类别，对其中蕴含的自然风景学思想和诠释方法进行解读。

再次，本章对张良皋先生发掘的自然遗产案例进行分析，并以遗产评价体系为框架对张先生的自然风景思想进行定位。这些案例包括神农架、张家

---

① 杜威．艺术即经验［M］．高建平，译．北京：商务印书馆，2005：273－320.

界、星斗山、七姊妹山、堵河源、腾龙洞、恩施大峡谷、景阳河峡谷、柴埠溪、大老岭十个自然遗产案例。

最后，在文化景观理论文献解读和遗产案例分析的基础上总结出其“境”“比”的学术思想，并在风景园林学科思想体系中对其进行定位。

6 结论与展望

6.1 研究创新

6.1.1 首次系统整理张良皋学术经历与背景

张良皋先生作为我国第二代建筑师中的佼佼者，其学术思想对建筑学和风景园林学均有重要价值。本文系统整理张先生的人生轨迹、教育背景和职业生涯；分析不同时期社会政治环境和工作环境对其思想产生的影响；系统整理其风景园林标志性学术成果和学术活动事迹。根据其学术活动内容、活动频度和学术成果发表的年代对其学术思想进行分期，揭示了其学术思想嬗变和捩转的轨迹。上述工作对于建、规、景学术界而言，尚属首次。

6.1.2 首次系统揭示张良皋风景园林学术思想

张良皋先生作为建筑学跨界风景园林领域的代表人物，其研究活动和学术思想却融贯建、规、景三个学科，并在风景园林领域结出了丰硕成果，特别是在景观建筑、文化景观和自然风景三个学术领域多有建树。就像研究江南园林绕不开童寯一样，研究鄂西的景观建筑、文化景观和自然风景同样绕不开张良皋先生。其在鄂西的学术研究成果丰富了中国风景园林的思想内涵。目前张先生的风景园林学术思想尚未引起学术界的足够重视，尚无关于其风景园林学术思想的系统性研究，故而笔者本次的研究属首次，这即是本文的创新性所在。如此跨界的人物在我国建筑类高等院校风景园林学科具有典型性，类似的跨界人物还有华南理工大学的刘管平先生、西安建筑科技大学的佟裕哲先生、湖南大学的杨慎初先生等。希望本研究能抛砖引玉，激发风景园林界对类似跨界人物思想的重视，这里也是一座充满思想智慧的富矿。

6.1.3 突破学术界对张良皋建筑学者身份认识的常规视角

在一般人的心目当中，张良皋先生的身份无疑是建筑师。本文欲独辟蹊径，从风景园林学科视角来探究张先生的学术思想，突破了学术界对张良皋建筑学者身份的常规认识，体现了研究视角的创新，而张先生在风景园林领域的思想同样精彩、丰富。

6.2 研究结论

6.2.1 厘清张良皋风景园林学术思想的发展背景

本文研究梳理了张良皋先生学术思想发展的历程，根据其人生经历、教育背景和职业生涯将其风景园林学术思想的发展背景分为童年时期、中学时期、中央大学时期、上海范文照建筑事务所时期、武汉市建筑设计院时期、华中科技大学执教时期六个阶段，从中揭示其风景园林学术思想产生、发展、转化、提高、成熟的过程。同时本文还聚焦张先生风景园林学术思想成果突出的景观建筑、文化景观和自然风景三大领域，根据其标志性学术成果发表的年代和学术实践活动的内容分别梳理出，①景观建筑理论与实践背景的大学毕业以前、武汉市建筑设计院和华中科技大学三个阶段；②文化景观理论与实践背景的执教前和执教后两个阶段；③自然风景理论与实践背景的执教前与执教后两个阶段，从而整体呈现出张先生的风景园林学术思想过程，对希望了解或深入研究张先生的其他学者，这也是一个有益的导引。此外，本文还梳理出对张先生风景园林学术思想产生影响的人物图谱关系列表（表6-1）。

表6-1 对张良皋学术思想产生影响的人物图谱关系表

时间（年）	老师、前辈	同辈、同学	朋友
1942	戴念慈		
1943	鲍鼎		

续表

时间（年）	老师、前辈	同辈、同学	朋友
1943—1947	童寯、杨廷宝、刘敦桢		
1947—1950	范文照、鲍鼎		
1950—1976	鲍鼎、刘敦桢	黄康宇	
1977	童寯		
1982	童寯	周卜颐、黄康宇	林奇、张正明
1991	潘光旦	拉普卜特	
1992	戴念慈		
1993	任乃强		
2000		吴良镛	谭宗派
2005	徐中舒、任乃强、李济	苏秉琦、张光直、夏渌、施雅风	
2009		吴良镛	
2013	潘光旦、王葆心	施雅风	林奇

（资料来源：作者整理）

6.2.2 归结提出张良皋景观建筑中“通、驭、理、和”的思想

通过对张良皋先生景观建筑学术背景整理、理论解读及其设计案例的解析，总结出其中的“通、驭、理、和”思想。“通”即“大匠通才”思想，体现了他对景观建筑师职业素质的理解和认知，他也是这样要求自己和学生的；“驭”即“宏观控驭”思想，体现了他对中国传统建筑思想精髓的理解，同时也体现了他擅从地理学、天文学、风水学的宏观框架下经略景观建筑的思想；“理”体现了张先生“建筑要讲理性”的思想，最突出的是在建筑与社会环境中讲“伦理”和“物理”，在自然环境中讲“地理”；“和”即张先生追求建筑单体、群体、环境与自然环境和谐统一的思想。

6.2.3 归结提出张良皋文化景观中“堪、源、求、真”的思想

通过对张良皋先生文化景观学术背景整理、理论解读及其研究过的文化

景观遗产案例的解析，总结出其中的“堪源求真”思想。“堪”体现了张先生注重实地勘察和情景体验的研究方法，以及惯用堪舆学理论疏解、诠释文化景观的思想；“源”体现为张先生擅长从文化源头的角度研究文化景观，并通过文化景观的演进序列梳理出文化发展传播的脉络；“求”体现了张先生持之以恒的求索精神和虚心求教的治学理念；“真”体现了张先生在文化景观发掘过程中追求考据真实性，在文化景观保护过程中追求原真性，在学术主张上追求家国情怀的真知灼见。

6.2.4 归结提出张良皋自然风景中“境、比”的思想

通过对张良皋先生自然风景学术背景整理、理论解读和自然遗产案例的分析，总结出其中的“境、比”思想。“境”体现了张先生擅用“诗境”概括自然风景的特征与价值，包括：①他用“秘境”和“仙境”形象、生动地概括鄂西风景的自然和人文特色；②他擅用典故传递自然风景的深刻内涵；③通过借景言志的方法升华自然风景的境界。“比”的思想体现为张先生擅用对比方法寻找自然风景的特色与差异，擅用类比的方法寻找自然风景之间的联系与相同点。鉴于文化景观与风景学内涵的重叠性，指出张先生的自然风景思想中同样也有“堪”和“真”的成分。

6.3 总结与展望

6.3.1 张良皋风景园林学术思想的价值与贡献

（1）在景观建筑研究领域，张先生风景园林学术思想的价值和贡献主要集中在对武当山道观建筑的研究上。张先生考证提出，武当山为明初皇家营建的四大工程之一，其余三个分别建在北京、南京和凤阳。明成祖永乐皇帝为了瓦解元朝在宗教上奉行的“统战”政策而敕建武当山，具有推崇道教、贬抑佛教的政治目的。武当山总体规划由永乐皇帝钦点风水师王敏、陈羽鹏负责，严格按照皇家的建筑规制布局，同时参照风水学原则，不但反映了道家文化“登峰造极”思想，同时其“七十二峰朝大顶”和“定一尊于天庭”的格局也体现了皇权中心的思想。张先生的这些发现，揭示了武当山道观园林的皇家园林属性，为我国皇家园林史增添了浓墨重彩的一笔，并弥补了我

国风景园林历史理论界此前对武当山认识的不足。

（2）在文化景观领域，张先生学术思想的价值和贡献主要体现在蒿排聚落、盐源线路和干栏聚落景观研究方面。基于人类学的视角，张先生以江汉湿地和武陵山地及巫巴山地的人居环境为切入点，还原了巴楚地区古代的地理环境，创造性地揭示了江汉湿地浮游聚落和武陵山地干栏聚落的萌生、发展、演化过程及巫盐文化的传播路线。在其研究推动下，鄂西的一些土司堡寨和干栏聚落逐渐被纳入世界遗产、国家文物保护单位和历史文化名村等多级文化遗产保护体制中。文化景观是风景园林学中后起的领域，张先生的研究成果丰富了近现代风景园林学中有关地域文化景观的研究，称其为“巴楚地域文化景观及遗产保护研究第一人”实不过誉。

（3）在自然风景研究领域，张先生学术思想的价值和贡献主要集中在对鄂西自然风景特色的研究和推介上。他用“诗境”的语言准确地概括了鄂西自然风景的特色和内涵，并用典故诠释了鄂西自然风景的人文境界；他运用对比和类比的方法在中外风景名胜中定位鄂西自然风景，使鄂西深藏渊泽林薮奥府的神奇自然风景昭示于世，如腾龙洞、恩施大峡谷、景阳河等。在他的研究推动下，鄂西的自然风景“出于幽谷，迁于乔木”，逐渐被纳入了各级自然遗产保护体制。故而张先生的研究思想具有鄂西自然风景开拓者的价值。

6.3.2 研究不足与展望

为了全面、客观地展现张先生的风景园林学术思想，笔者竭尽全力，对与之相关的人、事、物进行了全面的调研追踪。但是由于一些客观的原因，部分历史信息无法再现。

其中原因之一是部分当事人业已作古，与张先生交往的信息难以追寻，如大学时期张先生的恩师鲍鼎、童寯、杨廷宝等，华中科技大学时期张先生的学长兼同事周卜颐、黄康宇、蔡德庄、童鹤龄、黄兰谷等，张先生晚年文化圈的朋友夏渌、张正明、林奇等。这些先生都与张先生过从甚密，对张先生学术思想的形成或多或少产生过影响。若能对他们进行访谈，必有助于梳理张先生思想发展演化的脉络，他们离去后，只能从张先生的朋友、家人、学生和文献资料中挖掘信息。就在2019年初笔者曾想联系与张先生共同设计安陆李白纪念馆的执笔建筑师、张先生曾经的同事、中信武汉建筑设计院原总建筑师丁永园先生，了解该作品创作过程时，惊闻其因病逝世，这说明对张先生学术思想的整理研究的紧迫性，同时也说明了研究资料获取的困难。

其二是张先生的设计实践活动大部分都集中于建国初期至20世纪80年代初，由于历史的原因，当时的设计属于集体行为，没有留下太多个人的痕迹。又由于近年城市建设的扩张，有些作品已被拆除，难以对张先生的设计实践活动进行全面调研，所以非常遗憾，只能根据现存的作品进行分析研究，结合张先生家人和他的部分学生——华中科技大学建规学院部分教师提供的信息进行整理。当然对于现存的建筑如汉口新华电影院、武钢住宅区（青山红房子）、解放公园苏联空军烈士纪念碑、洪山广场无影塔、汉阳钢厂转炉车间、归元寺云集斋素菜馆等设计作品，笔者均本着虔诚之心，认真踏勘“阅读”，以便真实体验张先生的设计理念。

其三，张先生三十年如一日在鄂西北深耕细作，跑遍了鄂西北山区的每个角落，有些地方并非成熟景区，交通不便，笔者没有精力一一跑遍去体验，如鄂西北堵河流域的柳林、蒋堰、桃源等地，鄂西的二仙岩、阿塔峡、七姊妹山等地，这在一定程度上对情境化正确感知张先生学术思想产生了影响。

其四，笔者作为晚辈怀着尊崇之意研究张良皋先生，谥美之辞多于批评，积极认识多于消极，正面阐述多于负面。全文完稿复读时，该感受愈感强烈。金无足赤，人无完人，张先生的风景园林学术思想也存在一些局限性，如他作为鄂西自然风景推广的第一人，写过很多诗作赞美其自然风景，但基本都是从尺度、空间形态、空间关系的角度描写的。对于一些地质公园，较少从地质构造、地质成因的角度分析其地质遗迹价值；对于自然保护区和森林公园，尽管他也比较关注植被覆盖率对自然风景的影响，但对其中稀有的野生动植物种群、濒危物种较少论述，这也说明了其知识结构的局限性。

其五，笔者由于立足风景园林学视角，对其建筑学价值重视不够，也使本文或失于偏颇。张先生在建筑学领域成果突出，对干栏建筑的结构形态、匠作工艺、地形环境、演化轨迹都进行了深入、系统的研究，而本文仅对其与文化景观有关的地形环境、街巷格局进行了探讨；在城市公共建筑方面，本文只对其景观建筑作品进行了解析，张先生其他类型的建筑作品还有待建筑学学者进一步研究。张先生留有大量诗作，本文仅对其描写自然风景的诗作进行了解读。另外张先生在红学研究方面颇有心得，《红楼梦》作为中国18世纪历史百科全书式的作品，里面包含了社会、文化、建筑、园林等多方面的历史信息，囿于笔者红学知识，仅对张先生大观园复原图中的思想进行了分析，并未涉及张先生红学研究的其他方面内容，这也是其他学者可深入探讨和总结的。

参考文献

1. 外文文献

[1] AMOS RAPOPORT . The Meaning of the Built Environment [M] . London: SAGE Publications , 1982.

[2] MYRON GOLDSMITH. Buildings and Concepts [M] . New York: Rizzoli Intertation Publication Inc, 1987.

[3] IAN MCHARG . Design with Nature [M] . New York: Nature History Press, 1969.

[4] CYNTHIA ZAITZEVSKY. Frederick Law Olmsted and the Boston Park System [M] . Cambridge: The Belknap press of Harvard University, 1982.

[5] LAURIE D. OLIN . On the Landscape architecture career of Lawrence Halprin [J] . Studies in the History of Gardens & Designed Landscapes, 2012, 32 (3): 139 -163.

[6] MARGOT LYSTRA. McHarg's Entropy, Halprin´ Chance: Representations of Cybernetic Change in 1960s Landscape Architecture [J] . Studies in the History of Gardens & Designed Landscapes, 2014, 34 (1): 71 -84.

[7] ALISON HIRSCH. Lawrence Halprin's Public Space: Design, Experience and Recovery. Three Case Studies [J] . Studies in the History of Gardens & Designed Landscapes, 2006, 26 (1): 1 -4.

[8] SUSAN L, KLAUS. The City Planning Reports of Frederick Law Olmsted, Jr, 1905 -1915 [J] . Journal of the American Planning Association, 1991, 57 (4): 456 -470.

[9] JOHN PENDLEBURY. The Paper of Frederick Law Olmsted——Writings on Public Parks, Parkways and Park Systems [J] . Landscape Research, 1999 (1): 104-105.

[10] KENNETH FRAMPTON. Prospects for a Critical Regionalism [J] . The Yale Architectural Journal, 1983 (20) : 147-162.

[11] WEICHENG LING. Untranslatable Iconicity in Liang Sicheng's Theory of Architectural Translatability [J] . Art in Translation, 2013, 5 (2): 219-250.

[12] WEICHENG LIN. Preserving China: Liang Sicheng's Survery Photos from the 1930s and 1940s [J] . Visual Resource, 2011, 27 (2): 129-145.

[13] KENNETH FRAMPTON. Modern Architecture: A Critical History [M] . London: Thames and Hudson, 1992 : 262.

[14] KAPLAN S, KAPLAN R. Cognition and Environment: Functioning in Uncertain World [M] . New York: Praeger, 1982.

[15] JAMES GIBSON J. The Ecological Approach to Visual Perception [M] . london: Psychology Press, 2014.

[16] NIkOLAUS PEVSNER. The Englishness of English Art [M] . New York: Penguin Books Ltd, 1978 : 185-188.

[17] OCKMAN JOAN. Architecture School: Three Centuries of Educating Architects in North America [M] . Mass: The MIT Press, 2012.

[18] ROWE PETER, KUAN SENG. Architectural Encounters with Essence and Form in Modern China [M] . Mass : MIT Press, 2002.

[19] DAVID VAN ZANTEN. The Architecture of the Beaux-Arts [J] . Journal of Architectural Education, 1975, 29 (2): 16-17.

[20] WILSON, EDWARD O. The Diversity of Life [M] . Cambridge: The Belknap Press of Harvard University Press, 1992.

[21] WHITE THEO B. PAUL PHILPPE CRET. Architect and Teacher [M] . Philadelphia: The Art Alliance Press, 1973: 27.

[22] HARBESON JOHN. The Study of Architectural Design [M] . New York: The PencilPoints Press, 1926.

[23] THORNLEYDG . Design Method in Architectural Education, in Conference on Design Methods [M] . Oxford: Pergamon Press, 1963: 37 -51.

[24] RZEVSKI GEORGE. Design Methodology in Design Science Method —Proceedings of the 1980 Design Research Society Conference [M] . Guildford: Westbury House, 1981: 6 -17.

[25] HARBESON JOHN F. The Study of Architectural Design [M] . New York: W. W. Norton & Company, 2008.

[26] JOHN MACARTHUR. The Picturesque: Architecture, Disgust and Other Irregularities [M] . London and New York: Routledge, 2007 : 4.

[27] KATE NESBITT. Theorizing a New Agenda for Architecture: An Anthology of Architectural Theory, 1965 - 1995 [M] . New York: Princeton Architectural Press, 1996 : 94.

[28] CRET PALL P. The école des Beaux - Arts and Architectural Education [J] . Journal of the American Society of Architectural Historians, 1941, 1 (2): 3 -15.

2. 著作

[1] 张良皋. 匠学七说 [M] . 北京: 中国建筑工业出版社, 2012.

[2] 张良皋. 武陵土家 [M] . 北京: 三联书店, 2005.

[3] 张良皋. 巴史别观 [M] . 北京: 中国建筑工业出版社, 2006.

[4] 张良皋. 蒿排世界 [M] . 北京: 中国建筑工业出版社, 2016.

[5] 张良皋. 张良皋文集 [M] . 武汉: 华中科技大学出版社, 2014.

[6] 张良皋. 老房子 [M] . 南京: 江苏美术出版社, 1994.

[7] 张良皋. 闸野窗课 [M] . 武汉: 湖北建始中学校友会编, 2005.

[8] 湖北联中校友会. 青史记联中 [C] . 武汉: 湖北联中建始中学分校校友会编, 2009: 168.

[9] 拉普卜特. 建成环境的意义 [M] . 黄兰谷, 译. 北京: 中国建筑工业出版社, 2003: 38 -66.

[10] 拉普卜特. 宅形与文化 [M] . 常青, 译. 北京: 中国建筑工业出版社, 2007: 45 -77.

[11] 涂尔干，莫斯. 原始分类 [M]. 汲喆，译. 北京：商务印书馆，2012：77－103.

[12] 潘光旦. 潘光旦文集（卷七）[M]. 北京：北京大学出版社，2000：440－472.

[13] 万敏. 广场工程景观设计理论与实践 [M]. 武汉：华中科技大学出版社，2017：187－198.

[14] 胡正凡，林玉莲. 环境心理学 [M]. 北京：中国建筑工业出版社，2012：122.

[15] 陈战是，魏民. 风景名胜区规划原理 [M]. 北京：中国建筑工业出版社，2008：8－73.

[16] 赵荣，等. 人文地理学 [M]. 北京：高等教育出版社，2007：23－45.

[17] 单霁翔. 走进文化景观遗产的世界 [M]. 天津：天津大学出版社，2010.

[18] 曹晶智，邱跃. 历史文化名城名镇名村和传统村落保护法律法规文件选编 [M]. 北京：中国建筑工业出版社，2015.

[19] 史晨暄. 世界遗产四十年：文化遗产"突出普遍价值"评价标准的演变 [M]. 北京：科学出版社，2015.

[20] 俞孔坚. 景观、生态与感知 [M]. 北京：科学出版社，1998：41－42.

[21] 俞孔坚. 理想景观探源——风水的文化意义 [M]. 北京：商务印书馆，1998.

[22] 俞孔坚. 回到土地 [M]. 北京：三联书店，2014.

[23] 王其亨. 风水理论研究 [M]. 天津：天津大学出版社，2005.

[24] 何晓昕. 风水学探源 [M]. 南京：东南大学出版社，1990.

[25] 刘敦桢. 中国古代建筑史 [M]. 北京：中国建筑工业出版社，2008.

[26] 侯幼彬. 中国建筑美学 [M]. 北京：中国建筑工业出版社，2009.

[27] 潘谷西. 中国建筑史. [M]. 北京：中国建筑工业出版社，2015.

[28] 李允鉌. 华夏意匠 [M]. 天津：天津大学出版社，2014.

[29] 周维权. 中国古典园林史 [M]. 北京：清华大学出版社，1990.

[30] 汉宝德. 物象心境 [M]. 北京：三联书店，2014.

[31] 孙克勤. 世界文化与自然遗产概论 [M]. 武汉. 中国地质大学出版社，2010.

[32] 郭万平. 世界自然与文化遗产 [M]. 杭州：浙江大学出版社，2006.

[33] 夏建中. 文化人类学理论学派 [M]. 北京：人民大学出版社，1997.

[34] 庄孔韶. 人类学概论 [M]. 北京：中国人民大学出版社，2015.

[35] 谢凝高. 名山·风景·遗产——谢凝高文集 [M]. 北京：中华书局，2011.

[36] 康德. 判断力的批判 [M]. 邓晓芒，译. 北京：人民出版社，2002：84－100.

[37] 黑格尔. 历史哲学 [M]. 潘高峰，译. 北京：九州出版社，2011：196－198.

[38] 汤因比. 历史研究 [M]. 郭小凌，王皖强，杜庭广等，译. 上海：世纪出版社，2010：62－65.

[39] 福柯. 知识考古学 [M]. 谢强，马月，译. 北京：三联书店，2013.

[40] 怀特海. 观念的冒险 [M]. 周邦宪，译. 南京：译林出版社，2014：282－285.

[41] 怀特海. 科学与近代世界 [M]. 何钦，译. 北京：商务印书馆，1959：165.

[42] 斯特劳斯. 野性的思维 [M]. 李幼蒸，译. 北京：人民大学出版社，1997：307.

[43] 斯特劳斯. 图腾制度. [M]. 渠敬东，译. 北京：商务印书馆，2012.

[44] 哈里斯. 建筑的伦理功能 [M]. 申嘉，陈朝晖，译. 北京：华夏出版社，2001.

[45] 原广司. 世界聚落的教示100 [M]. 于天祎，刘淑梅，马千里，

译．北京：中国建筑工业出版社，2003：40.

[46] 郭在贻．训诂学 [M]．北京：中华书局，2005.

3. 学位论文

[1] 宋霖．余树勋先生风景园林理论与实践研究 [D]．武汉：华中科技大学，2016.

[2] 石焕然．《中国造园史》与《古代园林式比较研究》[D]．武汉：华中科技大学，2016.

[3] 刘小虎．时空转换和意动空间——冯纪忠晚年学术思想研究 [D]．武汉：华中科技大学，2009.

[4] 胡来宝．孙筱祥园林思想及设计风格研究 [D]．南京：南京林业大学，2010.

[5] 胡吉．丹·凯利的园林设计思想与设计风格研究 [D]．南京：南京林业大学，2004.

[6] 周艳芳．陈从周江南园林美学思想研究 [D]．哈尔滨：哈尔滨师范大学，2017.

[7] 叶仲涛．童寯园林史学思想和方法研究 [D]．长沙：中南林业科技大学，2011.

[8] 张帆．梁思成中国建筑史研究再探 [D]．北京：清华大学，2010.

[9] 张瀚元．彼得·沃克简约化景观设计研究 [D]．哈尔滨：哈尔滨工业大学，2009.

[10] 朱振通．童寯建筑实践历程探究 [D]．南京：东南大学，2006.

[11] 李正胜．方塔园设计思想与造园手法研究 [D]．上海：上海交通大学，2012.

4. 期刊论文

[1] 张良皋．论楚宫在中国建筑史上的地位 [J]．华中建筑，1984(01)：67-75.

[2] 张良皋．秦都与楚都 [J]．新建筑，1985 (03)：60-65.

[3] 张良皋．园林城郭济双美——谈中国城市园林的宏观设计 [J]．规

划师，1997（01）：53－55.

［4］张良皋．土家吊脚楼与楚建筑［J］．湖北民族大学学报（社会科学版），1990（01）：98－105.

［5］张良皋．干栏建筑体系的现代意义［J］．新建筑，1996（01）：38－41.

［6］张良皋．建筑辞谢玩家［J］．华中建筑，2009（03）：283－286.

［7］张良皋．文化传播的南北三古道［J］．重庆建筑大学学报，2000（04）：15－20.

［8］张良皋．匠门述学——为纪念中央大学建筑系成立70周年谈中国建筑教育［J］．新建筑，1992（02）：58－59.

［9］张良皋．大匠通才与大匠之路——纪念戴念慈先生［J］．建筑师，1992（05）：13－20.

［10］张良皋．忆鲍鼎先生［J］．社会科学论坛，2007（07）：120－123.

［11］张良皋．建筑必须讲理——书《建筑辞谢玩家》后［J］．高等建筑教育，2009（04）：1－6.

［12］张良皋．红楼梦大观园匠人图样复原研究［J］．建筑师，1999（02）：90－104.

［13］张良皋．重新认识匠学，回归中华本位［J］．新建筑，2004（01）：7.

［14］张良皋．干栏——平摆着的中国建筑史［J］．重庆建筑大学学报，2000（04）：1－3.

［15］张良皋．来凤佛潭咸康先后之谜［J］．湖北民族学院学报（哲学社会科学版），2011（02）：125－129.

［16］张良皋．构建大武陵旅游文化圈之我见［J］．旅行，2003（03）：20－25.

［17］张良皋．九省通衢的宏观设计——论武汉历史文化名城的“纂”与“创”［J］．武汉文博，1995（03）：37－40.

［18］张良皋．没落的土司“皇城”——唐崖土司城［J］．地理知识，2000：48－53.

［19］张良皋．大武陵的地理和历史定位［J］．土家族研究，2007（02）：10.

[20] 万敏，汪原，赵军．从地理"发现"中寻求土家新城构建的理性[J]．华中建筑，2011（04）：113－118.

[21] 万敏．琵琶心旅——九江琵琶亭景区创作有感[J]．南方建筑，2011（03）：92－94.

[22] 李保峰．悼念张良皋先生[J]．新建筑，2015（03）：133.

[23] 李晓峰．顽童．大匠——忆张良皋先生[J]．新建筑，2015（03）：144－146.

[24] 李晓峰．一部有情感的专业书——《匠学七说》[J]．新建筑，2004（05）：95.

[25] 陈纲伦．建筑国学的构建——评张良皋《匠学七说》并论炕居是后席居[J]．建筑师，2005（02）：86－91.

[26] 李东．睿学成述，汲远汲深——追忆张良皋先生[J]．新建筑，2015（03）：139－140.

[27] 顾大庆．中国布扎建筑教育历史的沿革、移植、本土化和抵抗[J]．建筑师，2007（02）：5－15.

[28] 钱锋，沈君承．移植、融合与转化——西方影响下中国早期建筑教育体系的创立[J]．时代建筑，2016（04）：154－158.

[29] 单霁翔．实现文化景观保护理念的进步[J]．现代城市，2008（03）：1－6.

[30] 单霁翔．从文化景观到文化景观遗产（上）[J]．东南文化，2010（02）：7－18.

[31] 单霁翔．文化景观保护的相关理论探索[J]．南方文物，2010（01）：1－12.

[32] 任乃强．说盐[J]．盐业史研究，1988（01）：3－12.

[33] 任乃强．羌文化——华夏文化又一根[J]．中华文化论坛，1995（02）：48－54.

[34] 夏鼐．中国文明的起源[J]．文物，1985（08）：1－8.

[35] 张光直．中国文明的起源[J]．文物，2004（01）：73－82.

[36] 徐中舒．巴蜀文化初论[J]．四川大学学报，1959（02）：21－44.

[37] 苏秉琦. 关于考古学文化的区系类型问题 [J]. 文物, 1981 (05): 10-17.

[38] 汤绪泽. 巫溪古盐道 [J]. 盐业史研究, 1997 (04): 32-35.

[39] 吴良镛. 关于园林学重组与专业教育的思考 [J]. 中国园林, 2010 (01): 27-33.

[40] 俞孔坚. 生存的艺术: 定位当代景观设计学 [J]. 建筑学报, 2006 (10): 39-43.

[41] 俞孔坚. 论风景质量美学评价的认知学派 [J]. 中国园林, 1988 (01): 16-19.

[42] 刘滨谊. 学科质性分析与发展体系构建——新时期风景园林学科建设与教育发展思考 [J]. 中国园林, 2017 (01): 7-11.

[43] 刘滨谊, 赵彦. 冯纪忠与现代风景园林的转变 [J]. 中国艺术, 2019 (02): 28-33.

[44] 赵智聪, 彭琳, 杨锐. 国家公园体制建设背景下中国自然保护地体系的重构 [J]. 中国园林, 2016 (07): 11-18.

[45] 杨锐. 风景园林学科建设中的9个关键问题 [J]. 中国园林, 2017 (01): 13-16.

[46] 杨锐. 论"境"与"境其地" [J]. 中国园林, 2014 (06): 5-11.

[47] 杨锐. 论中国国家公园体制建设的六项特征 [J]. 环境保护, 2019 (02): 24-27.

[48] 杨锐. "风景"释义 [J]. 中国园林, 2010 (09): 1-3.

[49] 谢凝高. 中国山水文化源流初探 [J]. 中国园林, 1991 (04): 15-19.

[50] 谢凝高. 风景名胜遗产要义 [J]. 中国园林, 2010 (10): 26-28.

[51] 谢凝高. 中国国家公园探讨 [J]. 中国园林, 2015 (02): 5-7.

[52] 丁文魁. 风景设计——特征、理论、类型与组织 [J]. 时代建筑, 1984 (01): 62-66.

[53] 王绍增. 30年来中国风景园林理论的发展脉络 [J]. 中国园林, 2015 (10): 14-16.

[54] 王绍增. 风景名胜区研究 [J]. 中国园林, 2007 (12): 1.

［55］赵逵，等．试论川盐古道［J］．盐业史研究，2014（03）：161－169.

［56］李和平，肖竞．我国文化景观的类型及其构成要素分析［J］．中国园林，2009（02）：90－94.

［57］汪妍泽，单踊．“布札”构图中国化研究［J］．新建筑，2017（02）：110－113.

［58］王浩娱，杨国栋．1949年后移居香港的华人建筑师［J］．时代建筑，2010（01）：52－57.

［59］李学．评《巴史别观》［J］．建筑师，2009（04）：106－110.

［60］邓军．川盐古道文化遗产现状与保护研究［J］．四川理工学院学报，2015（05）：35－44.

［61］单德启．张良皋先生印象［J］．新建筑，2015（03）：143.

［62］仲德崑．纪念忘年故交张良皋先生［J］．新建筑，2015（03）：141－142.

［63］范思正．忆张良皋先生［J］．新建筑，2015（05）：136－137.

［64］蓝波．沉痛悼念张良皋先生［J］．建筑师，2016（01）：124－130.

［65］洪铁城．多元并存，共生共荣——向叶廷芳、张良皋先生讨教［J］．建筑师，2007（05）：52－58.

［66］徐倩．在传统的基础上谈创新——访张良皋教授［J］．华中建筑，2007（11）：184－186.

［67］罗章，赵有声．一部追求纯洁事物的著作［J］．重庆建筑，2002（02）：58－60.

［68］龚发达，程国政．张良皋教授谈建筑与防洪［J］．长江建设，2002（02）：13－14.

［69］长江建设记者．是蛮荒，还是文化源头——访著名建筑学家张良皋教授［J］．长江建设，2000（01）：17－18..

［70］都荧．织造遗韵楝亭歌——楝亭设计回眸［J］．建筑与文化，2014（03）：138－140.

5. 会议论文

[1] 张良皋. 八方风雨会中州——论中国先民的迁徙、定居与古代建筑的形成和传播 [C] //建筑与文化论集, 1993: 114 - 122.

[2] 张良皋. 侗族建筑纵横谈 [C] //1927 - 1997 建筑历史与理论研究文集, 1997: 1 - 12.

[3] 张良皋. 中国宏观设计的顶峰 [C] //武当山中国道教文化研讨会论文集, 1994: 187 - 189.

[4] 张良皋. 施州风景资源开发刍议 [C] //武陵山区农村综合开发治理学术讨论会会议论文集, 1986: 169 - 171.

[5] 张良皋. 保护钢铁工业遗产, 武汉要向西方匹兹堡学习 [C] //纪念张之洞与保护工业遗产专辑, 2008: 9.

6. 报纸

[1] 习近平. 共谋绿色生活, 共建美丽家园 [N]. 人民日报, 2019 - 04 - 29.

[2] 张良皋. 山川精粹, 洞宇魁元 [N]. 老年文汇, 1986 - 08 - 07.

[3] 张良皋. 保康在鄂西生态旅游文化圈中的定位 [N]. 湖北社会科学报, 2009 - 11 - 1.

[4] 汪盛华. 庆阳老街是现存最完整的土家街市 [N]. 恩施日报, 2007 - 08 - 15.

[5] 蒋太旭, 甘婷. 两位建筑大师的对话 [N]. 长江日报, 2014 - 10 - 13.

[6] 蒋绶春. 探寻恩施人文地理之谜 [N]. 湖北日报, 2014 - 09 - 23.

[7] 韩晓玲, 周晓晶. 张良皋教授提出华夏文明源于巴域 [N]. 湖北日报, 2005 - 10 - 24.

7. 其他文献

[1] 张良皋. 武当山三绝论赞 [Z]. 手稿, 1980 - 08 - 31.

[2] 张良皋. "一柱擎天"和"江汉关" [Z]. 手稿, 1981 - 12 - 28.

[3] 张良皋. 庐山风景名胜区规划座谈会发言记录 [Z]. 手稿, 1982 -

08 – 08.

［4］张良皋．江西省风景名胜和旅游咨询题的意见（一）［Z］．手稿，1982 – 10 – 08.

［5］张良皋．建设施州风景名胜区刍议［Z］．手稿，1983 – 12 – 09.

［6］张良皋．江西省风景名胜和旅游咨询题的意见（二）［Z］．手稿，1985 – 15 – 11.

［7］张良皋．题腾龙洞词并记［Z］．手稿，1986 – 06 – 04.

［8］张良皋．利川腾龙洞风景区规划建议书［Z］．手稿，1986 – 12 – 22.

［9］张良皋．建始旅游资源摭谈［Z］．手稿，2010.

［10］张良皋．三峡五溪风景名胜区规划设想［Z］．手稿，1986 – 05 – 26.

［11］张良皋．八七级武当山古建实习讲稿［Z］．手稿，1990 – 07 – 13.

［12］张良皋．湖北省旅游发展总体规划专家意见征求表［Z］．手稿，2001 – 11 – 05.

［13］张良皋．自然保护区呼唤建筑生态化——论张家界插旗峪的聚落清理［Z］．手稿，2001 – 07 – 11.

［14］张良皋．清江大峡谷［Z］．手稿，2004 – 11 – 08.

［15］万敏．张良皋先生与彭家寨的未了情缘［Z］．手稿，2018 – 04 – 08.

［16］万敏．桃源与悬圃：鄂西岩溶地区互补之古意风景［Z］．手稿，2018 – 12.

［17］万敏，王丹．见微知著：由景观微建筑而论风景园林建筑设计课程体系［Z］．手稿，2019 – 02 – 12.

［18］黎袁媛．少年曾饮清江水，长忆深恩到白头［EB/OL］．恩施新闻网，2015 – 01 – 23.

附　录

张良皋生平年表

年代	简况
1923 年 5 月 16 日	出生于湖北省汉阳县（今武汉市蔡甸区）
1929 年—1934 年	就读于宜昌市法国天主教堂创办的“益世”小学
1934 年—1935 年	就读于汉阳小学
1936 年秋	考取汉阳初中
1938 年 10 月	随湖北联合中学转移至宣恩初中
1939 年夏	湖北联合中学宣恩初中毕业
1939 年秋—1942 年夏	就读于湖北联合中学建始高中，校址在建始县三里坝
1942 年夏	建始三里坝高中毕业，以全省会考第二名成绩保送中央大学水利系，迟到，次年重考，在重庆工作一年
1943 年 9 月—1947 年 6 月	考取中央大学建筑系学习，获工学学士学位
1944 年 10 月—1945 年 8 月	参加抗战，于昆明炮兵训练中心担任盟军翻译
1946 年	参加中央大学工学院学生组织的“工社”。同年在重庆参加学生的“1.25”游行请愿，亲眼目睹周恩来总理的风采
1947 年秋—1948 年冬	大学毕业，先后在范文照建筑师事务所和上海市工务局营造处从事建筑设计
1947 年	在上海参加以中央大学同学为主体的青年社团——长松团契

续表

年代	简况
1948 年 4 月	参加中共地下外围组织“新青年联合社”
1948 年冬	回汉阳县新民中学教书避难
1949 年	洪湖襄南公学教书
1950 年	受鲍鼎先生之邀参与汉口电工器材厂设计
1952 年	由鲍鼎先生引荐进入武汉市建筑设计院工作
1952 年	参与武汉市委大楼设计
1953 年	参加中南地区土建会议，并游览岳麓山
1954 年	参与汉口新华电影院设计
1954 年 11 月	赴建工部汇报武钢住宅区设计（青山区红房子）
1955 年 9 月	参与解放公园苏联空军烈士墓与纪念碑设计
1957 年 2 月	参加黄鹤楼方案竞赛，获设计院二等奖
1959 年	武汉市建筑工程局办公大楼设计
1963 年	武汉市洪山无影塔广场搬迁设计
1963 年 12 月	建工部图书编辑室约译 Solar Control
1964 年 6 月	Solar Control 译完
1964 年	武汉市国棉二厂设计
1967 年 8 月	主持汉阳钢厂转炉车间厂房设计
1972 年 4 月	解放公园露天剧场大门设计
1975 年	武汉市建筑设计院退休
1976 年 6 月	中山公园水禽岛设计
1976 年 6 月	解放公园转马棚设计
1976 年	被武汉市二轻工业局设计室聘为总建筑师
1976 年	汉阳钢厂职工医院设计
1976 年 7 月	游览华山
1977 年	被武汉市蔡甸区设计院聘为总建筑师
1977 年 9 月	游览黄山

续表

年代	简况
1978 年 2 月	汉口春江餐馆设计
1979 年	第四皮鞋厂食堂设计
1979 年	湖北省外贸宿舍设计
1980 年	归元寺云集斋素菜馆设计
1980 年	被武汉市设计集团聘为总建筑师
1980 年 8 月	登临武当山，在十八盘顶发现“仙关”摩崖，考证为绍兴庚辰题刻（1160 年），把武当山纪年实物提前了 129 年
1982 年	应华中工学院之邀创建建筑系，并聘为教授
1982 年	参加庐山风景名胜区规划评审会议
1982 年	参加武当山风景名胜区评审会，并结识北京大学谢凝高教授
1982 年	在三峡风景名胜区评审会议上结识时任建工部风景名胜司司长甘伟宁和同济大学丁文魁教授
1983 年 4 月	受鄂西博物馆馆长林奇邀请首次重返鄂西，游览鄂西三巨洞：腾龙洞、黄金洞、卯洞；考察恩施旧州城遗址、建始石柱观、唐崖土司城遗址和大水井等
1983 年 4 月 30 日	与林奇、邓辉考察恩施旧州城遗址，发现南宋州官张朝宝咸淳丙寅（1266 年）摩崖题刻，纠正了《施南府志》中记为“张宝臣”的错误
1983 年 5 月	首次考察张家界国家森林公园
1984 年	武汉市蔡甸区侏儒文化宫设计
1984 年	安徽口子窖酒厂办公楼设计
1985 年 5 月	题为《利川落水洞（即腾龙洞）应该夺得世界名次》的文章在《旅游》杂志第四期发表，在恩施引起轰动

续表

年代	简况
1985 年 8 月	带领建筑系 83 级学生对承德外八庙、明十三陵、故宫、天坛、北海等皇家园林进行考察
1985 年 9 月	获得招收研究生资格，现华中科技大学景观学系万敏教授成为他第一届研究生
1986 年 2 月	带领万敏设计安陆李白纪念馆
1986 年 4 月	在利川人武部政委易绍玉的支持下，带领万敏组织战士探查腾龙洞，探明旱洞和水洞的出口及洞的主要层数
1986 年	参加西陵峡口风景名胜区规划评审会
1987 年	蕲春李时珍医院设计
1987 年 9 月—1988 年 1 月	受美国 IIT 建筑系主任 George Schipporeit 邀请赴美国学术交流，并到威斯康星大学、明尼苏达大学、伊利诺伊技术学院、纽约库柏联大讲学
1988 年 4 月	第二次考察张家界
1989 年	参加利川腾龙洞规划会议
1990 年	研究课题“鄂西土家族、苗族建筑的研究、保护和利用”获得国家自然科学基金资助
1990 年	带领李晓峰等一批师生，对遇真宫及武当山古建筑群进行为期一个多月的实地测绘
1991 年	在大宁河发现巫山卤管盐道，并撰文考证其历史
1991 年 10 月	邀画家廖连贵先生同游沐抚大峡谷
1991 年 10 月	考察重庆郁山古镇
1991 年 11 月	拜访咸丰苗族木工龙世强师傅
1992 年 7 月	考察利川谋道镇鱼木寨
1993 年 8 月	考察宜昌五峰县柴埠溪景区
1993 年	出访韩国蔚山岭南大学

续表

年代	简况
1993 年	研究课题“中国干栏建筑综合研究”获得国家自然基金资助
1993 年 7 月—1993 年 8 月	应老同学郑光复先生之邀，陪同江苏美术出版社《老房子》系列丛书编辑和摄影师朱成梁、卢浩、李玉祥一行，带领研究生张文彤又一次深入武陵土家族地区考察干栏式聚落
1993 年 8 月	考察来凤仙佛寺
1993 年 8 月	考察宜昌长阳小三峡
1994 年 9 月	考察酉阳龚滩古镇
1995 年 3 月—1995 年 4 月	带领研究生陈智、朱馥艺、摄影师李玉祥，奔赴贵州，继而赴桂北、湘西南考察，包括贵州的雷山、榕江、从江、黎平，桂北的三江、龙胜等地
1995 年—1996 年	支教苏丹理工大学，其间访问埃及，并到喀土穆大学、喀土穆应用技术学院、喀土穆艺术学院、恩图曼胜利学院、恩图曼大学女生部讲学
1996 年 5 月 16 日	73 岁生日考察埃及卢克索神庙
1996 年	支教苏丹回国，途经英国，并考察当地建筑
1988 年 3 月	带学生武当山考察，返回途经神农架
1998 年	受日本藤森照信建筑设计事务所邀请去日本考察，并到东京大学讲学
1998 年 6 月—1998 年 7 月	参加三峡库区文物保护工作考察活动
1999 年 8 月	考察宣恩彭家寨
1999 年 10 月	赴恩施参加土家族学术会议，并考察景阳河峡谷
2000 年	考察澳洲土著建筑文化，游览悉尼、堪培拉、墨尔本、三姊妹山（悉尼附近）、南天寺，并在悉尼大学、新南威尔士大学讲学

续表

年代	简况
2001 年 3 月	三联书店出版《武陵土家》（第一版）
2002 年 3 月	中国建筑工业出版社出版《匠学七说》（第一版）
2002 年 3 月 10 日—2002 年 4 月 17 日	应南加州建筑学院（SCIARC）邀请赴洛杉矶讲学，考察佛罗里达、纽约、华盛顿、波士顿、芝加哥等城市
2002 年 4 月 23 日—2002 年 5 月 23 日	考察美国西南 14 个州的自然风光，重点考察新墨西哥州卡尔斯巴德洞、亚利桑那州科罗拉多大峡谷、凤凰城红岩和约塞米蒂国家公园
2002 年 6 月 10—2002 年 7 月 10 日	考察加拿大多伦多、蒙特利尔、渥太华、魁北克等城市，并重游尼亚加拉大瀑布
2002 年 8 月 12 日	考察江西婺源民居
2002 年 8 月 28 日	参加万敏主持的四川安县“小罗浮风景区规划”评审会议，考察北川县“禹迹”、岷山桃坪羌寨、成都都江堰、彭州三星堆博物馆
2002 年 9 月 13 日	抵杭州参加建筑师与文学家的第二次聚会，考察西塘古镇、河姆渡文化遗址，并应邀到浙江大学建筑系讲学
2002 年 10 月	与万敏一道奔赴南阳，考查淅川丹江水库和荆紫关古镇
2002 年 11 月 14 日	赴十堰竹山县，考察上庸古城
2002 年 12 月 10 日	受邀到湖南大学建筑系讲学，并游览南岳衡山
2004 年 7 月	攀登恩施大峡谷的四段悬崖
2004 年 8 月	沿神农架、武当山周边地区考察 7 天
2005 年	给时任恩施州民宗委副主任田发刚写信，首次提出保护宣恩彭家寨
2006 年 5 月	中国建筑工业出版社出版《巴史别观》（第一版）
2007 年 9 月	与万敏、李在明第四次游览张家界
2007 年 9 月	指导万敏主持张家界澧水风貌带概念性城市设计

续表

年代	简况
2008 年	指导万敏主持两河口村（彭家寨）历史文化名村保护规划
2008 年	指导万敏主持庆阳坝凉亭老街景区修建性详细规划
2009 年	指导万敏主持九江琵琶亭景区设计
2010 年	指导万敏主持思南县新城城市设计
2010 年	指导万敏主持竹山县郭山歌坛设计
2010 年 10 月 29 日	与万敏一起参加来凤县旅游资源调研
2011 年	参加“酉水古镇百福司”大型文化采风活动
2013 年	在第十六届民族建筑研究会学术年会上获中国民族事业终生成就奖
2013 年	华中科技大学建筑系创系 30 周年，与蔡德庄先生合庆 90 寿辰
2014 年 10 月	华中科技大学出版社出版《张良皋文集》（第一版）
2014 年 10 月	“80 后”对话“90 后”——阮仪三与张良皋的民族建筑世纪对话
2014 年 11 月 4 日	应邀参加鹤峰县举行的容美土司文化论坛
2015 年 1 月 14 日	于武汉市中心医院逝世
2016 年	中国建筑工业出版社出版《蒿排世界》（第一版）

（资料来源：作者整理）